大田作物种植
知识问答

来永才 周广春 王 辉 主编

中国农业出版社
北 京

图书在版编目（CIP）数据

大田作物种植知识问答 / 来永才，周广春，王辉主编 . —北京：中国农业出版社，2018.6（2020.3 重印）
ISBN 978-7-109-24233-3

Ⅰ.①大…　Ⅱ.①来…②周…③王…　Ⅲ.①大田作物－栽培技术－问题解答　Ⅳ.①S5-44

中国版本图书馆 CIP 数据核字（2018）第 116773 号

中国农业出版社出版
（北京市朝阳区麦子店街 18 号楼）
（邮政编码 100125）
责任编辑　刁乾超　李昕昱

———————

中农印务有限公司印刷　新华书店北京发行所发行
2018 年 6 月第 1 版　2020 年 3 月北京第 2 次印刷

———————

开本：850mm×1168mm 1/32　印张：5.25
字数：120 千字
定价：20.00 元
（凡本版图书出现印刷、装订错误，请向出版社发行部调换）

编　委　会

前　　言

　　东北地区是我国重要的粮食主产区，粮食生产水平高低对保障国家粮食安全具有决定性作用。而农民是粮食生产的主体，其对优质高产生产关键技术的掌握，对保障原粮品质和延伸农业产业链，增加农民收入具有重要影响。

　　为此，为贯彻落实习近平总书记关于扶贫开发的系列重要讲话精神，深入实施《中共中央国务院关于打赢脱贫攻坚战的决定》，充分发挥科技支撑和引领作用，由农业相关领域的专家共同编写了《大田作物种植知识问答》。该书主要针对东北三省贫困村和贫困户粮食生产的共性技术问题，集成编辑了水稻、玉米、大豆及杂豆、高粱四种主要农作物的先进栽培技术、储藏加工技术，并附有农药使用注意事项，以知识问答形式进行表述，通俗易懂、深入浅出，以期帮助广大农民朋友排疑解惑，为农民增收、农村致富助力加油。

编　者

2018 年 5 月

目　　录

第一部分 水稻种植

一、品种选择

1. 东北地区水稻品种选择的总体原则是什么？

东北属早熟稻作区，一般以种植早粳稻为主。因其纬度跨度较大，各地气候条件、地理条件、土壤肥力与质地均有较大差异，生态环境条件多样。因此，在选择品种时，总的原则是熟期相宜、高产、优质、抗病和抗倒伏，特殊地区还要注意抗寒性、抗旱性、耐涝性和耐盐碱性等。

种植品种一般应保持稳定，才能达到高产、稳产目标；若需更换新品种，一定要选择通过各级政府审定的正规品种，并选择在产量、抗性、品质等方面优于原品种的优良品种。但要注意优良品种必须有相对应的栽培技术才能发挥其优良特征。

2. 如何选择优质水稻品种？

选择优质稻品种时，在注重优质特性的同时还应注意以下几点：

（1）必须选择正规品种。选择已通过国家或地方品种审定委员会审定并命名，且在当地具有稳定表现的优良品种。

（2）必须注意品种生育期。即确保在本地区能安全成熟的优质品种。因为，灌浆结实期的环境条件，尤其是温度对稻米的碾米品质、外观品质和食味品质都有很大影响。

（3）按稻米用途选择品种。生产常规优质米要兼顾丰产性；生产绿色食品大米要考虑其综合抗性（控制化肥和农药使用量）；生产有机大米要注重品种的综合抗性和光合利用效率。

（4）按消费习惯选择品种。根据对稻米的地域消费习惯选择优质品种，需考虑消费区域的饮食习惯，如粒型长短、口感软硬、香味浓淡以及稻米蒸煮时的膨胀性等综合因素选择。

3. 东北水稻品种的熟期类型如何划分？

按全国统一标准，一般将东北地区划为早稻区。但各省又根据地方温光条件和品种在当地所需生育天数，又进一步划分为早、中、晚不同熟期类型。

辽宁省种植的品种通常分为早熟型（150 天以下）、中熟型（151～155 天）、中晚熟型（156～160 天）、晚熟型（160 天以上），品种多为 14～16 片叶。

吉林省种植的品种通常分为极早熟型（120 天以下）、早熟型（120～125 天）、中早熟型（125～130 天）、中熟型（130～135 天）、中晚熟型（135～142 天）、晚熟型（142～145 天），品种多为 12～15 片叶。

黑龙江省由于南北跨纬度较大，水稻种植区从南到北依次分为 5 个积温区（带），整体活动积温跨度在 2 100～2 750℃，种植的品种为 9～14 片叶。

4. 对于特殊地形如何选择品种？

相同地区、不同地形地势，其种植地块的小气候条件和土壤质地、肥力也会存在差别。为此，选择品种时，低洼地、山间地、林间地因温度较低，要注意选择偏早熟品种。

5. 东北稻区优良水稻品种有哪些？

截至 2017 年，东北早粳稻区省级审定品种共 1 128 个，其中辽宁省 360 个，吉林省 466 个，黑龙江省 302 个。以下为近年各地主推品种。

吉林省：吉农大 538、吉粳 113、长白 19、九稻 77、通科 28、通系 927、吉粳 306、东粳 66、五优稻 4 号（引种）、吉粳 515、吉粳 528、吉农大 138、通禾 66、通育 263、通禾 816、九稻 80、通科 59、通育 256、吉农大 859、吉粳 809、吉宏 6 号、吉粳 81、白粳 1。

黑龙江省：五优稻 4 号、松粳 22、松粳 19、龙稻 18、龙稻 21、哈粳稻 2 号、绥稻 3 号、东农 428、绥粳 14、绥粳 18、绥粳 19、牡丹江 28、龙粳 31、龙粳 39、龙粳 43、龙粳 46、龙粳 47、龙庆稻 3 号、龙庆稻 5 号、龙盾 103。

辽宁省：沈农 9 816、北粳 1 号、北粳 2 号、辽粳 9 号、辽星 1 号、辽星 21、辽粳 212、辽粳 390、辽粳 433、辽粳 401、辽粳 168、铁粳 11、盐丰 47、盐粳 456、盐粳 237、沈稻 47、辽优 9906、辽 73 优 62、辽优 9 906、粳优 653。

6. 生产中为什么要搭配种植不同品种？

为了不违农时、安全生产和均衡增产，并能充分利用当地自然资源和生产要素，通常要搭配种植不同品种。一般应根据种植面积、机械化程度、劳动力情况、水资源、栽培技术、复种指数等，合理搭配不同熟期的品种。一个地区至少要有 3～4 个不同品种搭配种植，使优良品种的使用寿命得以延长并确保安全生产。另外，根据市场和生活需要，有些地区还可在以普通水稻为主的基础上，适当搭配种植糯稻和功能稻米等特种稻。

7. 购买种子时应注意什么？

种子是决定高产、稳产的最重要因素，所以购买种子时要注意以下几点：

（1）选购的水稻品种必须有审定证书。

（2）到具有正规经营许可的种子经销店购买，要确保经营者持有"三证"，即种子准繁证、种子合格证和种子检疫合格证。

（3）购买种子时一定索要带税检章的正式发票和信誉卡等购买凭证。

8. 水稻良种为什么会退化？如何保证良种不退化？

水稻生产中，随种植年限的增加，水稻优良品种常会出现退化现象，其原因如下：

（1）机械混杂。在播种、插秧、收获、脱谷、装运、储藏等操作中，未严格执行良种生产操作规程，使繁育的品种中混入了其他品种的种子，造成机械混杂。

（2）生物学混杂。水稻通常存在 $0.2\% \sim 0.3\%$ 的天然异交率，以致群体出现生物学混杂，破坏了原品种的纯度。

（3）个体间差异。育成的品种，表面上看其纯度已符合要求，但还可能存在某些细微的分离。经过几个世代的种植，因微效基因的分离而出现个体间表型的差异，引起品种混杂退化。

（4）选种留种方法不正确。留种时没有按照优良品种的各种典型性状去杂去劣。若仅考虑单株优势留种，很可能被留下的是具有杂种优势的杂合株，多代之后，品种会退化变劣。

保证优良品种不退化，要做到以下几点：

（1）建立专用良种繁殖田。避免机械混杂和天然异交，严格多次去杂去劣，剔除异株。

（2）冷藏贮存原原种。保存的原原种，分年度使用，减少种子的生产世代，确保品种的纯度和品种特性。

9. 农民可否自留种？自留种要注意什么？

东北稻作区目前种植的水稻品种主要为常规粳稻品种。常规稻品种不同于杂交稻品种，无需年年制种。农民可以自己留种。但需要注意以下几个问题：

（1）自留种品种必须是常规稻，而且整个生产过程中没有发生过混杂。

（2）自留种的稻田，必须做好拔杂去劣工作，防止机械混杂。

（3）收获时要单独收获、单独脱粒、单独存放。

（4）自留种年限不宜过长，混杂退化较重时，要及时更换纯度更高的种子。

10. 如何选择直播稻品种？

东北水稻主要以旱育稀植栽培技术为主，品种的选育也主要以插秧稻的高产、优质、高效为选育目标。目前，实际应用的直播稻主要是从插秧品种中筛选。由于同一品种直播和插秧在生育特点上有很大差异，如直播稻生育期要比插秧稻短。因此，在品种选择上要注意以下几点：一是选择半矮秆、少分蘖、重穗型的品种，一般每株成穗 3～4 个，每穗总粒数在 100 粒以上；二是具有早熟性品种，要求选择比当地晚熟或中熟品种生育期早 10～15 天的品种；三是选择低温条件下发芽率高的品种，一般要求在 11～13℃低温条件下发芽率高于 80%；四是选择苗期生长速度快，耐旱性强，根系发达，生育后期根系活力强，抽穗期短而集中，秋季灌浆结实速度快，耐寒抗寒、抗倒伏及耐病性强的品种；五是在发芽出苗阶段及幼苗期对除草剂不敏感，并且对杂草有竞争性抑制作用；六是产量水平接近或超过插秧稻。直播稻品种在实际选择时，要根据当地生产水平，以及能否解决直播稻生产存在的关键问题而选择。

二、稻田的选择

11. 适宜种植水稻的土壤类型有哪些？

我国东北地区在其特殊的气候、地貌、成土母质、植被演替和人为活动的综合作用下，形成了共有 17 个土类，47 个亚类的土壤类型。类型之间形态特征与属性差异鲜明。其中适宜种植水稻的土壤有：

（1）白浆土类。白浆土主要分布在东北气候比较湿润的地区，主要位于黑龙江和吉林两省东部。亚类包括白浆土、草甸白浆土和潜育白浆土。其中草甸白浆土和潜育白浆土由于地形平坦及土体结构特点，最适合开发种植水田。

（2）黑土类。黑土主要分布地区的东界可延伸到小兴安岭和长白山等山区的部分山间谷地，以及三江平原和穆棱—兴凯平原的边缘，北界直到黑龙江的右岸，南界在吉林省怀德县的南部地区，西界直接与松辽平原的草原和盐渍化草甸草原接壤，属于黑龙江、吉林两省的中部地区，是世界三大片黑土之一。黑土分为黑土、草甸黑土、白浆化黑土和表潜黑土 4 个亚类，肥力较高。

（3）黑钙土。黑钙土主要分布在松嫩平原西部，东以呼兰河为界，西达大兴安岭西侧，北至齐齐哈尔的依兰县，南达西辽河南岸。黑钙土依地貌、水分条件和碳酸盐淋溶的程度分为黑钙土、淋溶黑钙土、石灰性黑钙土、草甸黑钙土 4 个亚类。黑钙土的特点是土体内不同部位有碳酸钙聚积，土壤保水性差，易遭旱害。草甸黑钙土可以引水灌溉开发种稻。

（4）盐渍土。也称盐碱土，包括盐化草甸土亚类、碱化草甸土亚类、草甸盐土、草甸碱土。盐渍化程度较强的主要分布在松嫩平原，西部以大庆、安达为中心，包括松辽分水岭的内流地区，属于内陆盐渍土，主要有害盐类为炭酸钠（苏打）和碳酸氢钠（小苏打）也称苏打盐渍土，是改良难度最大的低产土壤。但国内外经验证明，除用生物、化学、农业措施改良外，开发种植水稻是改良利用苏打盐渍土最有效的途径。

（5）草甸土。草甸土是非地带性土壤，在山地土壤、白浆土、黑土、黑钙土等地带性土壤区的沿江、河岸的冲积物上，以及低洼地的湖相沉积物上都有发育成的草甸土类，可划分为草甸土、潜育草甸土、白浆化草甸土、石灰性草甸土亚类。草甸土是最适宜种稻的肥沃土壤。

（6）沼泽土。沼泽土也是非地带性土壤，在各地带性土区内的低洼积水区，在土质黏重，季节性冻层存在时间较长的北部山区都有发育。有排水工程的条件下，泥炭沼泽土、草甸沼泽土均可开垦种稻。

（7）水稻土。寒冷地区水稻种植年不长，水稻土的属性和特性都尚未形成，多属于过渡性土壤，依据各土属形成发育特点，可归属于淹育、潜育水稻土亚类。其特点是对养分的释放、供应以及植株对养分的吸收力皆有加强趋势。

12. 如何选择常规稻田的秧田地？

选择地势较高、平坦、水源方便、供排水好、土质疏松肥沃、保肥水性好、土质酸碱度在 4.5～5.5 的地块，秧田面积与稻田面积的比例在 1∶80 左右。另外，还要做到育秧大棚适当集中和规范，具有机械化播种、微喷给水等条件。

13. 如何规划新开垦稻田？新开垦稻田应注意什么？

新开垦稻田要根据水资源的多少来确定种稻面积。要根据面积大小，综合考虑灌排水渠道、运输道路、育秧田位置、防风林和田块规模等。地势平坦的地区，稻田应按顺坡向"灌排相间"方式进行规划，即灌、排水均为双向控制，水渠负担的稻田面积较大。坡度较大的地区，宜采用沿等高线"灌排相邻"方式进行规划，即灌、排水均为单向控制，建设时可以利用挖排水渠的土修筑灌水渠埂。田块面积不宜过小，以便于机械化作业。每个地块尽可能要"单排单灌"，不"串灌"。旱直播种稻稻田一般多选低洼易涝的望天田，或者旱不长、涝不收的旱田种稻，整地时要注意必须除净残根杂物及石块等，耙细耙平。

新开垦稻田还应注意以下两个问题：

（1）旱田改水土。旱田改水田时，必须要了解前 1～2 年用过什么除草剂。氯嘧磺隆、咪唑啉酮和阿特拉津等对水稻有药害的除草剂，残留在土壤中会影响下年水稻生长。施用过这些除草剂的旱田，不可直接作为床土育苗，可采取深翻和泡田、排水、淋洗等方法处理后再种水稻。

（2）新开垦稻田。开垦稻田平地时，应注意不要把底层生土翻到地表，以免降低耕层土壤肥力。要"去高填洼"整平地块，要尽量把原表层肥沃土壤还原到表层。

14. 盐碱地种稻需要注意什么？

盐碱地地势通常比较平坦，热量资源较好，只要有充足的水资源，配合相适应的综合栽培技术，种稻也可实现高产、稳产。

盐碱地种稻需要注意以下问题：

（1）选用耐盐碱、耐干旱、高产优质、生育期适宜的水稻品种。

（2）盐碱地种稻要遵循"盐随水来，盐随水去"的原理，通过泡田以及多次灌溉和排水，人为地降低含盐量和 pH 改善耕层土壤环境。

（3）根据水稻不同生育阶段耐盐碱性不同的原理，有针对性的培育大龄壮秧并掌握苗期深—分蘖浅—孕穗深、勤灌勤排、日灌夜排的田间排灌策略。

（4）通过增施有机肥和早翻耕来改良盐碱地的碱、板、薄的情况。

15. 有机水稻生产对稻田及环境的要求有哪些？

有机稻米生产要严格按照国家环境保护总局颁布的《有机食品技术规范》（HJ/T 80—2001）组织生产。需要符合的条件包括：

（1）环境质量要求：土壤环境质量符合 GB 15618—1995 中

的二级标准；灌溉水水质符合 GB 5084—2005 的规定；环境空气质量符合 GB 3095—2012 中的标准。

（2）生产基地应具备有机食品生产的基本条件。在有机大米生产加工过程中，不造成环境污染和生态破坏。要求秸秆综合利用率 100%、农膜回收率 100%、畜禽粪便综合利用率 95%、病虫害生物防治和物理防治推广率 100%。

（3）生产基地已制定有机食品的发展规划，其中包括基地建设目标、年度计划和运作模式，基地生态保护与建设方案，具备规范的有机食品生产、加工操作规程。

（4）已建立有效的内部管理、决策、技术支持和质量监督体系，并有完整的文档记录体系和跟踪审查体系。

（5）生产基地所有耕作全部获得国家认可的有机食品认证机构的认证。

16. 稻田对灌溉水有什么要求？

无论利用什么水源进行稻田灌溉，都必须符合国家灌溉水标准。含有重金属或其他有毒、有害化合物的灌溉水会影响水稻的正常生长发育，也会使稻谷、稻草等残留有毒有害物质，危及人们的健康。

稻田灌溉水温度应不低于 20℃，温度较低的灌溉水需要延长输水渠或者经过晒水池等办法提高温度。稻田灌溉水中的泥沙含量也要小，如果过多，会降低土壤通透性甚至淤积渠道。盐碱稻区在水稻分蘖期及分蘖以前，灌溉水的含盐量要控制在 0.1% 以下，以免影响水稻的生长发育。

17. 打井种稻需要注意什么？

种植水稻灌溉用水分为地表水和地下水，打井抽地下水种水稻称之为打井种稻。虽然目前打井种稻是一项投入少、见效快的生产技术，但也有一些需要注意的问题：

（1）科学打井，提高灌溉效率。为防止因常年灌溉引起的地下水位下降而使可灌溉面积减少等问题，打井种稻，特别是面积较大的种植区域，必须要做好水资源的调查和预测，根据地下水资源情况和地面水的消耗情况，科学确定打井密度，保证地下水的可持续利用。

（2）提高水温，科学灌溉。东北地区地下水温度低，一般只有5～7℃，与水稻各生育期对温度的要求（表1）相差较大。直接用从井中抽出的水进行灌溉，会影响水稻的正常生长发育。因此，提高水温是打井种稻的关键技术措施，最好在井附近设晒水池，并延长和加宽灌水渠，并注意灌水方法。灌水方法有4种。第一，间歇灌溉。除返青施肥、化学除草和孕穗开花期，需要保持水层时补水外，其他时间尽可能大水灌深些，待自然落干再灌水，延长两次灌水的间隔。第二，昼停夜灌。提高水温同时还能减少夜间呼吸作用消耗。第三，昼远夜近。白天灌水时，尽量灌远处田块，使冷水经晒水池和渠道增温后进入稻田。第四，换进水口。进水口温度较低，长期从一个进水口溉灌，会导致水稻生长不良，灌水1～2次后应换进水口，分散对水稻的影响。

表1　水稻各生育期临界温度指标（℃）

时期	发芽期	移栽期	分蘖期	开花期	灌浆期
温度	8～10	13	18	20	15

（3）盐碱地打井种稻需注意的问题。盐碱地种稻，需水量较常规稻田需水量大，每口井所负担的稻田面积要少一些，并要建立完善的排水体系，确保"洗盐排盐"效果，否则容易引起稻田次生盐渍化。

18. 如何培肥稻田地力？

稻田地形成发育的环境条件和耕作历史不同，肥力水平也不一样，这些因素直接影响水稻的产量。因此，培肥地力是水稻高产、稳产的重要环节。具体方法包括：

（1）增施有机肥。有机肥料可为水稻提供丰富的营养，又可以通过微生物的分解和腐殖化作用，合成土壤腐殖质，改善土壤的理化性质、结构和品质，提高土壤保肥保水能力。

（2）深耕。深耕能够加厚耕层，改善土壤结构和可耕性，促进微生物活动，促进土壤熟化。同时又能够打破紧实的犁底层，增加土壤通透性，改善水、气、热状况，使各土层间物质相互交换加强，扩大水稻根系吸收范围。

（3）改良排水。山间谷地和涝洼地等地下水位较高的地区，土壤一直受到潜水浸渍，土壤质地黏重，其正常的生物循环受抑制，潜在的肥力得不到发挥，因此，要进行开沟排水，提高地温，增加通透性进行改造。

（4）客土改沙。对于长期漏水漏肥的沙土地稻田，还可采用客土改沙的方法，用黏土、黄土、河塘淤土等进行改良。

19. 稻田次生盐渍化问题怎么解决？

耕作技术不当会造成稻田的次生盐渍化问题。解决的办法如下：

（1）建设合理布置的排灌渠系，这样可以增加土壤的渗透能力，降低地下水位，改善由于不合理灌溉引起的地下水位积盐提高的问题。

（2）平整土地，防止高处返碱，低处窝碱的现象。

（3）提倡秋耕，打破土壤毛细现象，减少水分散发。秋季还有积碱过程，要早翻晒垡，只翻不耙。

（4）控制灌溉水质，灌溉水要符合标准，防止将盐源引进灌区。

（5）增施有机肥料，提高土壤溶液的缓冲能力，通过土壤代换的方式转化有毒盐害。

（6）合理施肥，有条件要进行深施化肥，适当增施磷、钾肥和锌肥。

三、水稻优质高产栽培技术

20. 水稻的栽培方式有哪几种？

水稻栽培方式通常按是否移栽分成直播稻和移栽稻两种。

（1）直播栽培。不需育秧移栽，直接将种子播种于大田的一种栽培方式。根据土壤水分状况以及播种前后的灌溉方法，通常将直播稻分为水直播、湿润直播和旱直播。直播栽培具有省工省力等优点，但也具有使全生育期缩短、主茎叶片数变少等缺点。

（2）插秧栽培。是经过秧田准备、浸种催芽、播种育秧、秧苗移栽等一系列过程的栽培方式，可选用生育期较长的品种，充分利用温光资源，挖掘水稻增产潜力，但工序较繁琐。目前，我国大部分稻区仍以育苗移栽为主要栽培方式，尤其是在生育周期（无霜期）相对较短的北方稻区。

21. 水稻种子播前处理有哪些步骤？

为确保水稻苗齐、苗壮，播种前水稻种子需要进行一系列的处理。其方法主要包括清选、晒种、消毒、浸种和催芽等。

22. 种子如何清选？

为剔除混杂在种子里的草籽、杂质、虫瘿、病粒和不饱满的种子，播种前一般要对种子进行清选。通常采用风选、筛选和溶液选等方法进行选种。溶液选种可用一定浓度的黄泥水、食盐水和硫酸铵水选种。其中，食盐水选种因原料易得、价格便宜、浓度相对稳定、选种效果好，在生产中应用较为广泛。

23. 浸种前晒种有哪些好处？

水稻种子在储存期间，生命活动非常微弱，晒种可提高种子发芽率和发芽势；晒种可增强种皮通透性，排除储藏期间种子呼吸所产生的二氧化碳，促进氧气和水分向种子内部渗透，加快吸水过程，增强种子活力；晒种可杀菌消毒，减轻种传病害的发生；晒种可消除种子间含水量的差异，使种子干燥均匀，吸水速度一致，发芽整齐。晒种方法：选择阳光充足的晴好天气进行，将种子薄薄地摊开，定时翻动，使种子干燥度一致，一般晒种 3 天左右即可。

24. 催芽前为何要浸种？浸种应注意什么？

水稻浸种过程就是种子吸水过程，吸水后种子从休眠状态转化为萌芽状态，种子酶的活性开始上升，胚乳淀粉逐步溶解成糖，释放出供稻种萌芽所需要的养分。水稻浸种过程中可加药剂进行消毒，在保证种子吸水的同时，也可杀灭种子表面病菌，起到防治病虫害的作用。浸种时水必须没过种子，使种子吸足水分。水温高浸种时间短、水温低浸种时间长。一般情况，水温20℃时浸种约需 5 天，前两天换一次水，以后每天换一次水，确保有充足的氧气融入水中，防止种子产生无氧呼吸。浸好的稻种谷壳颜色变深，呈半透明状，胚部膨大凸起，胚乳变软，手碾呈粉，折断米粒无响声。

25. 种子如何催芽？催芽要达到什么标准？

为使稻种播种后扎根快，出苗早，出苗齐，提高成苗率，缩短秧田期，一般应对种子进行催芽。催芽应遵循"高温破胸、适温催芽、低温晾芽"的原则。在高温 30～32℃下，经 1～2 天后，当有 80% 左右的种子破胸时，将温度降到 25℃ 催芽，当芽长到 1～2 毫米时温度降到 15～20℃ 晾芽、待播。催芽过程中应注意防止高温烧芽，温度超过 40℃，种子会失去发芽能力。

26. 水稻育苗方式有哪些？各有什么优缺点？

按照水分管理方式不同，育苗方式可分为 3 种，即水育苗、湿润育苗和旱育苗。水育苗，即水整地，水做床，带水播种，育苗过程中基本一直保持水层，以利于保温防寒和防除秧田杂草，且易拔秧，伤苗少；但因长期淹水，土壤氧气不足，秧苗易徒长及影响秧根下扎，致使秧苗质量差，一般应用较少。湿润育苗，也称半干旱育苗，水整地，水做床，湿播种，秧苗 3 叶前湿润管理，但不建立水层，此后开始建立水层。优点是播种后出苗齐、出苗快，不宜发生立枯病，缺点是须水整地、水作床、水整平。旱育苗，即旱整地，旱做床，旱播种，育苗全过程不建立水层，旱育苗操作方便，不浪费水资源，易培育壮苗，但须注意控温和补水，防止发生立枯病。

此外，按照有无保温措施，可分为裸地育苗和保温育苗。保温育苗因栽培方法和地区不同，又分为塑料大棚、中棚和隧道式拱棚育苗和平铺育苗；按播种下垫不同，分无土育苗和有土育苗，有露地播种育苗和隔离层育苗（软盘、钵盘、胶丝带及其他物质）。具体采取何种方式应根据具体情况确定。

27. 水稻育苗为何配制营养土？如何配制标准化营养土？

营养土是培育壮秧的基础，一般在苗床施底肥的基础上，表面再铺一层营养土，或装入育秧盘后置于苗床。育苗前需配备好营养土，具体做法是选取结构好、养分全、有机质含量高、无草籽、无病虫害、无盐碱的田园土、菜田土、旱田土，加入农家肥，按照土与肥的比例为 7∶3 混拌均匀，每 500 千克混拌土中加入 0.6 千克硫酸铵、1.2 千克过磷酸钙、0.6 千克硫酸钾。选择一定剂型的水稻育苗调制剂或壮秧剂，按照说明书进行添加、混拌均匀、过筛，即配制成全营养型营养土。此外，根据水稻育苗调制剂或壮秧剂的养分含量，可酌情将前述环节中的无机肥减量或不施。

28. 如何进行苗床整地？

湿润育苗时，秧田要尽量选择在靠近本田中间的地块，结合耕整施足底肥。一般采用水整地，秧田地先筑埂，施足肥料，然后放水浸泡 2～3 天。保留浅水层，拖拉机水旋耕 1～2 遍，泥面要软、平、净。然后施入除草剂封闭土壤，施药方法可采用喷施、兑水洒施。施药后再抹地 1 次，使药剂充分与表土混合。2～3 天后排干水层，起沟做畦。北方地区应用较少。

旱育苗时，秧田要选择在地势平坦、背风向阳、离水源近、排灌方便、土质肥沃、有机质含量高、结构疏松、通透性与渗透性适中、杂草少、无病虫害、距本田近的园田地、旱田地，便于管理。地块选择好以后就要进行精细整地，精细整地能为秧苗生长创造良好的土壤条件和生态环境。整地可在秋天进行旋耕，也可在早春进行。这样能使土质细碎，要坚持早整地、早找平，使地面平整、土质细碎。北方稻田应用较多。

29. 如何确定水稻苗床的播种量？

播种量的多少对秧苗素质产生极大影响，播种量的确定应充分考虑种子发芽率、种子千粒重、育苗方式、移栽方式、秧龄长短等因素，以移栽前是否影响个体生长为标准。一般旱育苗、人工插秧，每平方米播芽种 300 克。盘育苗、机械插秧：2.1～2.5叶苗，每盘播芽种 160 克左右；3.1～3.5 叶苗，每盘播芽种100～120 克。盘育苗、人工插秧：3～3.5 叶苗，每盘播芽种 60克；4.1～4.5 叶苗，每盘播芽种 40 克。钵体盘育苗，每个钵穴播芽种 2～3 粒。

30. 如何培育水稻壮苗？

壮秧是水稻高产的基础，壮秧必须具备根系好、白根多、基部节间宽厚、叶片挺拔硬朗、株高均匀适中等特点。培育壮秧要抓住 4 个关键时期。一是种子根生长期一般不浇水，过湿处散墒，过干处喷补，顶盖处敲落，露籽处覆土补水，保持温度在 10～32℃，最适温度为 25～28℃；如有地膜覆盖，当 20％～30％的苗第一叶露尖后要及时撤除。二是第一叶生长期严格控制第一叶鞘高，不可超过 3 厘米，保持温度在 10～28℃，最适温度为 22～25℃；苗床过干处，适量补浇水，一般保持干旱状态。三是离乳期地上部控制 1、2 叶叶耳间距离和 2、3 叶叶耳间距离各 1 厘米左右；2～3 叶期最高温度不超过 25℃，最适温度 2 叶期和 3 叶期分别为 22～24℃、20～22℃；如出现早晚夜间无露珠、午间叶片卷曲、苗床土表面发白的情况，宜早晨浇足水。此外，1.5 叶期和 2.5 叶期宜各浇 1 次硫酸水（pH 为 4～4.5）。四是播前准备，在移栽前 3～4 天，在不使秧苗萎蔫的前提下，不浇水，蹲苗壮根；移栽前 1 天，做好秧苗带肥和带药的工作，带肥为喷施硫酸铵 125～150 克/米²，带药即为用药防止潜叶蝇。

31. 移栽前苗床为何要施"送嫁肥"？施"送嫁肥"应注意哪些问题？

"送嫁肥"又称"起身肥"，一般是在秧苗移栽前 5 天左右喷施的肥料。"送嫁肥"能够增加秧苗移栽前植株内储藏的糖类物质，使秧苗移栽后能够迅速返青。施"送嫁肥"必须注意施入时间和施入量。施得过早，秧苗易在秧田产生新根，起苗时易造成植株损伤，施得过晚，起不到"送嫁肥"的作用。施肥量也非越多越好，氮过量秧苗易徒长，一般每平方米施入硫酸铵 50 克即可。肥力高的秧苗，生长好的秧田也可以不施入"送嫁肥"。

32. 水稻生产田如何整地？

水稻田整地按整地时间可分为秋整地和春整地；从整地时有无水分可划分为旱整地和水整地。

秋整地是在秋季收获后进行旱翻、旱旋或旱耙作业，促进土壤熟化，节省泡田用水。尤其在盐碱地及地下水位较高的地区和田块，宜采取秋旱翻与春旱耙相结合的整地方式。在秋季土壤含水量过大和春季易发生干旱的田块，宜采用春整地，即采用旱翻（或旱旋耕）、旱耙、旱平地的整地方式。

旱整地包括旋耕、翻地、旱平和激光平地等作业。作业标准要达到耕整地要到头、到边、不留死角，田块内的高度差不超过10厘米，地表有10～12厘米的松土层。水整地是在春季放水泡田3～5天后，用水田拖拉机配不同的整地机械整地。作业标准要达到土地平整、土壤细碎、高低差不高于3厘米，地表有5～7厘米的泥浆层。

33. 移栽前稻田如何进行药剂封闭灭草？

北方稻田提倡在插秧前封闭灭草。主要原因在于：一是插秧前田间施药防治，药剂不与秧苗直接接触可以使秧苗避开或减轻药害；二是能够为药效的发挥创造最佳条件，提高除草效果；三是把杂草封闭在萌芽期，能够有效控制杂草危害。具体的做法是选择适宜的除草剂，按照说明书和技术规程确定施药量、施药方法与插秧间隔时间等。目前，插秧前封闭除草药剂种类很多，需根据杂草种类及稻田杂草优势群落的变化选择，要因地制宜。封闭灭稗较好的、较安全的药剂有噁草酮、丁草胺和莎稗磷等。

34. 如何确定适宜的移栽期？

适宜插秧时间的确定主要根据不同秧苗成活的最低临界温度。小苗耐低温能力较强，日平均气温稳定在12.5℃时即可插秧，中苗稳定在13℃时可插秧，而大苗则稳定在13.5℃时才可以插秧。小苗是指3叶龄以内的秧苗，叶龄多为2.1～2.5叶，秧龄为20～25天，苗高8～10厘米，叶色鲜绿，大小均匀。中苗叶龄一般为3.1～3.5叶，秧龄30～35天，苗高13厘米左右，是生产中应用面积较大的秧苗类型。大苗一般为 4.1～4.5 叶龄，秧龄 35～40 天，苗高 17 厘米左右。

35. 水稻移栽方法有哪些？

水稻移栽分机械插秧和人工插秧两种。机械插秧比人工插秧效率提高 20 倍以上。随着农民对轻简农业的需求，又出现了抛秧和乳苗抛栽等移栽方法，比手插秧效率提高 3～5 倍。各地应根据实际条件，应用低成本、高效率和不误农时的移栽方法。

36. 如何确定适宜的插秧密度？

适宜的插秧密度可以充分利用光、热、水、气和养分等环境资源，达到高产、稳产、优质和高效的目的。不同地区适宜的插秧密度需根据当地的生态条件、施肥水平、土壤状况、品种特性、劳动力条件、机械化水平、秧苗素质和插秧形式等因素综合确定。主要通过适宜的行穴距和每穴插秧棵数来实现。北方粳稻一般行距为 30 厘米，株距 13～20 厘米，每穴插 3～4 棵苗。

37. 东北稻区为何提倡适时早插？

东北地区水稻生育期的长短主要取决于水稻生长前期（营养生长期），因此，适时早插秧能够促进早生快发，延长水稻营养生长期，争取更多有效分蘖。同时适时早插秧，水稻出穗期能够相应提前，使灌浆成熟期延长，以保证水稻安全成熟。

38. 怎样计算水稻田的肥料施用量？

施肥量的计算需根据品种特性、产量指标、土壤肥力、肥料类型等因素综合确定。一般可以采用以下公式计算：

化肥用量＝（目标产量的养分吸收量－土壤供肥量－有机肥供肥量）／［化肥含养分百分率（％）×化肥利用率（％）］

目标产量的养分吸收量＝每亩①计划产量（千克）×每千克稻谷需要的营养元素量

生产上可以通过测土配方施肥的方法确定合理的施肥量。

39. 水稻不同生育阶段的吸肥规律如何？

水稻正常生长发育必需的营养元素包括碳、氢、氧、氮、磷、钾、钙、镁、锌、硅等多种营养元素。其中，碳、氢、氧占植物组成中的绝大多数，可以通过吸收环境中的二氧化碳和水分满足需求。水稻需要量较大的氮、磷、钾单纯依靠土壤供给不能满足需求。而水稻对其他元素的需求一般土壤中的含量基本能够满足。因此，水稻不同生育阶段的需肥规律主要是指对氮、磷、钾的需求。

（1）氮素的吸收规律。水稻整个生育期，植株内具有较高的氮素浓度，并具有两个明显的高峰。一是水稻分蘖期，在插秧2周左右；二是插秧后的7~8周。这两个时期水稻体内氮素水平不足，常会影响穗发育，而不利于高产。

（2）磷素的吸收规律。水稻对磷的需求量平均为需氮量的一半。但水稻各生育时期均需磷素，以幼苗期和分蘖期需求量最多，一般在插秧3周左右时为吸收高峰。此时期如果磷素营养不足，水稻分蘖数及地上与地下干物质积累均会受到很大的影响。

（3）钾素的吸收规律。水稻需要较多的钾元素，分蘖盛期至拔节期是钾素的吸收高峰期，抽穗开花以前其对钾素的吸收已基本完成。

40. 怎样正确施肥？

水稻田施肥应遵循"重视化肥，配合有机肥"的原则，并强

---

① 亩为非法定计量单位，1亩≈667米²。——编者注

调"施足底肥、早施蘖肥、巧施穗肥、酌情施粒肥"。农家肥或有机肥分解慢，肥效期长，一般在秋翻或春耕前施入；化肥分解快，一般在春耕前施入，随后伴随水耙地。

（1）底肥。强调深层施肥，将氮肥、磷肥、钾肥均匀施入田表后，进行旋地、泡田、水整地等一系列作业。一般氮肥施入量为氮总施入量的50%左右，磷肥和钾肥全部作基肥一次性施入。

（2）分蘖肥。以氮肥为主，一般可占氮肥施用总量的25%～35%。在严重缺磷、钾的田块，也可追施适量的磷酸二铵和硫酸钾等。

（3）穗肥。以氮肥为主，一般在抽穗前25天施入为宜，施氮量一般不宜超过总施氮量的20%。在生产上为了攻大穗，在有效积温允许的情况下，也有将穗肥的施氮总量调至25%～30%的情况。此外，在水稻长势过于繁茂或有稻瘟病症状发生时，则不宜施用穗肥。

（4）粒肥。以氮肥为主，一般是在安全抽穗前、抽穗时或者后期有早衰、脱肥现象时才施用穗肥，应在见穗至齐穗期施用，最迟应在齐穗后10天内完成，一般以喷施叶面肥为主，占全生育期总施氮量的5%～10%。

41. 什么叫生理需水和生态需水？其在水稻水分管理中各有何意义？

生理需水是指水稻通过根系从土壤中吸入体内的水分，用于满足水稻植株个体生长发育和不断进行生理代谢所消耗的水量。生态需水是指水稻植株外部环境及所生活的环境用水，作为生态因子来调节稻田湿度、温度、肥力等所消耗的水量。稻田水分管理方式应根据水稻生理和生态需水的变化合理进行。浅、湿、干间歇灌溉技术跳出了传统淹水灌溉的模式，能够充分发挥水体保温变化小于气温变化的优势，可以使田间积温增加100℃，这对于北方稻田特别是寒地稻区的水稻生长发育及安全成熟具有重要的促进作用。

42. 水稻为什么要晒田？如何晒好田？

晒田可提高稻田土壤氧气含量，增强好氧微生物活动，促进有机物的矿化，提高土壤有效养分的含量，对水稻生长发育起到先控后促的作用。同时晒田可以提高根系质量，扩大根系活动范围，增强根系吸收能力。晒田后叶色淡绿或黄绿，株型挺直，无效分蘖受到抑制，有利于改善群体结构和光照条件，茎秆粗壮，抗倒性能增强。晒田一般在水稻对水分不甚敏感时期进行，分蘖末期至幼穗分化初期是晒田的最佳时期，时间一般为 5～7 天。晒田程度应以苗数足、叶色浓、长势旺、土质肥沃、土壤渗漏量小的地块稍重晒，反之则轻晒。

43. 如何防止水稻发生倒伏？

水稻倒伏可分为根倒和茎倒两种类型。根倒是由于根系发育不良，扎根浅而不稳，植株缺乏支持力，稍受风雨侵袭就发生平地倒伏。茎倒是由于茎秆不强壮，负担不起上部重量，发生的弯曲或折断。除强风暴雨等自然因素外，倒伏主要是品种不抗倒、耕层浅、种植密度大和肥水管理不当导致。防治倒伏的主要措施是通过选用抗倒品种，合理稀植，平稳施肥，重视施用硅肥，构建良好的群体结构，前期浅水灌溉，拔节期适当烤田，后期干干湿湿灌溉等方式来实现。

44. 怎样防治水稻贪青晚熟？

水稻贪青可分障碍型贪青和生理失调型贪青。障碍型贪青主要是由低温、病害及水、旱灾引起的。生理失调型贪青主要是由出穗后光合产物在营养器官中滞留和植株呼吸消耗明显增大，穗部营养物质严重贫缺所致。生育期间的光照不足，则贪青的程度加重。栽培管理措施不当也会造成贪青，如采用晚熟品种或插秧过晚，氮肥过量等。前期重施氮肥分蘖过旺，群体过大，后期氮肥用量偏多或施用时期偏迟也容易发生贪青。

预防措施：选用抗冷性较强的品种，低温年份水稻生长前期减少氮肥施用量，多施硅肥、钾肥、磷肥，采用深水护苗等。控制水稻生长过程中群体过大。栽培密度过大的田块要控制氮肥施用量，要适当晒田控制分蘖。选用生育期适中的品种，做到品种搭配合理，适时播种和移栽。

45. 何为适时收获？水稻收获的技术要点有哪些？

水稻齐穗后，籽粒灌浆需要经过乳熟期、蜡熟期、完熟期和枯熟期。乳熟始期，鲜重迅速增加。乳熟中期，鲜重达最大，米粒逐渐变硬变白，背部仍为绿色，持续时间为 7～10 天。蜡熟期籽粒内容物浓黏，无乳状物出现，手压穗中部籽粒有坚硬感，鲜重开始下降，干重接近最大，此期约经历 7～9 天。黄熟期谷壳变黄，米粒水分减少，干物重达定值，籽粒变硬，不易破碎，此期是收获时期。枯熟期谷壳黄色退淡，枝梗干枯，顶端枝梗易折断，米粒偶尔有横断痕迹，影响米质。因此，水稻达到生理成熟的标准是籽粒内干物重达到最大，也就是黄熟期。从外观上看，当每穗谷粒颖壳 95％以上变黄或 95％以上谷粒小穗轴及副护颖变黄，米粒变硬，呈透明状时是水稻收获的最佳时期。

46. 东北稻区能否采取直播种稻？直播种稻应注意哪些事项？

直播栽培具有省工、省力和劳动生产率高等特点，但直播水稻也具有全生育期缩短、主茎叶片数变少等特点。东北稻区也可以采取直播技术种植水稻，除了注重保全苗、灭好草等问题，还需特别注意：一是选用生育期适宜、拱土能力强、抗病耐旱的早熟品种；二是选择排灌方便的田块，精细整地，耙细耙平；三是抢墒适时早播，平均气温大于 10℃时即可播种。

47. 什么是优质稻米？如何生产优质稻米？

优质稻米是指采用优质稻品种种植生产的优质稻谷为原料加工精制的，质量符合国家质量卫生标准的大米。简单地说是指没有受到污染、好看又好吃的大米。优质大米最重要的是食味要好，不同食味品质大米市场差价较大。优质粳米的食味品质好，主要有以下几个特点：稻米加工后粒形完整，外观透明有光泽，米腹白小、米色清亮，煮出的饭适口性好，米饭软硬适中、不黏结、冷饭不回生，具有米饭特殊的香味。

稻米品质是一个综合性状，包括加工品质、外观品质、蒸煮食味品质和营养品质。目前出台的评价标准有农业部食用稻品种品质标准（NY/T 593—2013）和国家优质稻谷标准（GB 17891—1999），两个标准侧重点不同，第一个标准侧重水稻品种，第二个标准主要针对生产出来的稻谷。但在北方不同地区不同人对稻米的适口性有不同的要求，有人喜欢吃偏软的米饭，有人喜欢吃偏硬的米饭。同时不同地区喜欢的粒形也不一样，有的喜欢长粒，有的喜欢圆粒。稻米品质受自身内在因素和外在因素的影响，如品种的特性、环境条件、栽培技术等。因此，要实现粳稻的优质丰产需要掌握好以下几个稻米生产技术要点：

（1）选择好品种。选用近些年种植面积较大、口碑较好的优质稻品种，一定要选择通过审定的优质稻品种，同时要求外观品质好、口感好、食味品质佳的好品种。此外，选择的品种一定要熟期适宜，产量潜力高，抗病、抗逆性强。辽宁优质稻品种一般为圆粒和偏长粒，如盐丰47，沈农9 816，辽星1号、北粳1号等；吉林优质米品种多数是圆粒，如吉粳515，吉粳81，吉宏6号，吉粳809等；黑龙江优质米品种多数为长粒，如稻花香2号，松粳22，龙稻18等。

（2）适时播种，培育壮秧。育苗是生产中的关键环节，只有培育出了壮苗，才会培育出健壮的群体。有条件的地方可以适时早播早插，有利于在适宜的温光条件下灌浆充实，也有利于优质米地形成。

（3）正确合理均衡施肥。优质稻栽培要重点施用有机肥，特别是灌浆期间，植株中氮素水平过高，稻米中蛋白质含量明显增加，使稻米食味品质下降。氮、磷、钾肥配合施用，有利于光合产物向籽粒运输积累，使食味提高。施肥的种类、施肥时间和施肥数量均对稻米的品质有影响，在氮肥的施用上，一定要严格控制施用量和施用时期。一般情况下，施氮量越大，稻米的食味品质越差。

（4）科学管水。水质也是影响稻米品质的重要因素，一定不要用污水灌溉，可选择无污染的井水或河水进行灌溉。移栽至分蘖期保持浅水，分蘖后期适度露田晒田，控制无效分蘖和促进根系生长，孕穗期至抽穗期田间保持水层，做到有水抽穗。生长后期也要求田块也有一定水分，特别是齐穗后 15～20 天，如缺水极易造成稻米断层，降低稻米的整精米率。特别注意后期不宜过早断水，否则会影响大米的灌浆和品质。

（5）做好病虫害防治。在优质稻生产中，为确保稻米安全品质，主要以农业防治为主，化学防治为辅，综合防治病虫草害。必须用农药时，应使用无公害、无残留农药，并及时防治，避免因防治不及时而多次用药、大剂量用药。在选用抗病、抗虫品种的基础上，加强农艺措施防治，如结合整地泡田、打捞纹枯病菌核，减少病菌数量。水稻中后期要控制群体大小，减少氮肥的施入量，以控制稻瘟病。

（6）适时收获。一般情况下，水稻从灌浆到成熟的天数在40 天左右，这时稻米的食味最佳。当然不同品种收获时期不一样，对于灌浆速度慢，生育期长的品种，过早收获会对产量有一定的影响，可以适当延后收获，但生产优质米最好适时收获。禁止优质稻米暴晒，因为干燥速度过快，米粒内外收缩失去平衡，使米粒产生很多裂纹，精米率、整精米率下降。正确的干燥方法是先厚后薄，缓晒勤搅，直至稻谷含水量达到入库标准。

48. 为什么说规模化种植和标准化栽培有利于优质稻生产？

目前，我国农村主要以一家一户的小规模传统生产模式为主，每年种植的优质稻种多样且不稳定，加上栽培条件和栽培技术不规范，不同农户生产出的稻谷多种多样，品质很难保证市场的需求，没有市场竞争力。同时，农户种植优质稻比种植其他高产品种成本高，需要自己去开拓市场，收入回报时间长。因此，要提高优质稻米的市场份额，提高市场竞争力，必须走稻米产业化经营的发展道路。在我国东北三省部分农场和合作社已经提前实现了稻米产业化生产。

规模化种植有以下几个优点：第一，可以确保稻谷的质量一致，提高稻米的商品质量；第二，利于降低生产成本，提高市场竞争力；第三，可以便于管理和实现现代化生产。因此，有条件实现规模化生产的农场和合作社，生产的稻米在市场上具有竞争力。

随着人们生活水平地提高，越来越注重稻米品质，特别是食味品质和营养品质。我国也相应出台了优质稻米生产和加工的质量标准，但是要达到优质稻米质量标准的要求，必须实行标准化栽培，严格控制好优质稻米的每个生产技术环节，才能产出符合质量标准的稻米。因此，提高规模化种植和标准化栽培有利于优质稻生产。

49. 影响优质稻米品质的因素有哪些？

稻米品质既受到品种遗传特性的影响，同时也受到环境条件以及栽培条件等方面的影响，每个生产环节都会影响稻米的品质。因此，不同品种、年份、地点、栽培水平品质变化均较大。

影响稻米品质最主要的因素是品种的遗传特性，其次是环境条件，最后是栽培措施及收获加工质量。影响稻米品质的主要环境因素是气候因子中的温度，尤其是灌浆结实期的温度，对稻米品质整精米率的贡献达到88％。灌浆结实期最适宜的温度是21.5～26℃，过高或过低都不利于稻米品质地形成，较大的昼夜温差和适宜的相对湿度有利于稻米碾米品质地提高。因此，北方粳稻应选择适宜播期播种，保证灌浆期温度有利于稻米品质形成，并适时收获来提高稻米品质。

水温同时也会影响到稻米品质地形成，用无污染的地表水种植的稻米品质明显优于井水灌溉种植的米质，因为来自于江、河、湖和水库的灌溉水温度高、矿物质元素丰富、含氧量高，有利于北方粳稻的生长发育。故井水灌溉必须采取增温措施。

施肥对稻米品质的影响也很大，施肥要均衡，氮肥、磷肥、钾肥的比例要合理，控制穗肥和粒肥的施用。生产优质稻米一定要熟悉当地的气候条件及土壤中的氮素适宜施用量。

优质稻的收获期也会影响稻米品质，如何确定优质稻的收获时间是优质稻米生产的关键技术之一。水稻齐穗至成熟一般积温需要达到1 000～1 100℃。优质稻成熟的标准有两点：第一，从外观观察，95％的颖壳变黄或90％的二次枝梗籽粒变黄，谷粒已充实饱满、米呈透明状；第二，不同品种的成熟期不同，要设定相对的成熟期，收获时控制水分在18％左右，因水分过高或过低都会影响加工品质。

50. 怎么通过改善栽培条件提高稻米品质？

稻米品质除了受品种自身遗传特性的影响外，栽培措施对稻米品质的影响也很大，改善栽培条件也是提高稻米品质的重要手段之一。在优质稻米生产上，要重点抓好以下几个环节：

（1）科学施肥，培肥地力。施用有机肥对于改良土壤、增加有机质含量，保持养分平衡和后期养分供给有重要作用。优质稻米生产注意保持土壤含有较高的有机质含量和土壤养分，一般每亩施有机肥 3 米³ 以上，作为底肥一次性施入。在土壤耕层有机质含量低的田块，需要连续施用有机肥。在化肥的使用过程中，需要注意化肥品种和数量的搭配要合理，适当增加基肥的施用量，确保有 40% 以上的基肥施用量，同时要控制后期氮肥的施用量，不是施越多越好。

（2）适时早插，合理稀植。为了促进水稻的早生快发，争取低位分蘖，提高分蘖成穗率，适时早插能确保水稻早抽穗和安全成熟，这也有利于提高稻米的产量和稻米品质。适时早插要保证移栽后能安全成活。水稻安全成活的最低温度为 12.5℃。此外，通过合理稀植，壮大水稻个体，保证植株生长健壮，形成小群体，有利于建立合理的群体结构，能防止优质稻品种的倒伏，同时也能减轻纹枯病的发生和促进大穗形成。

（3）改善灌溉条件，科学用水。生产优质稻米，应加强水资源的管理，禁止用生活污水和工业废水进行灌溉，尽可能地改善灌区流域内的水资源环境，消除生活垃圾和工业"三废"对水资源的污染。

51. **盐碱地如何生产优质稻？**

盐碱地根据土壤中的养分不同，分为盐土和碱土。盐土顾名思义含有较多能够溶解的盐分，如氯化钠、硝酸钠、氯化镁和硫酸镁等，在地表呈现一层盐霜；而碱土是指盐分较少，含有大量的碳酸钠和碳酸氢钠，形成很强的碱性，影响作物的生长，而介于盐土和碱土之间的土就叫盐碱土。在盐碱地上种植水稻存在很多问题，但是要防止盐碱害，生产出高产优质大米，需要掌握以下关键技术措施：

（1）搞好农田基本建设。在新开垦的盐碱土地区种植，需要搞好水利建设，开沟排水，降低地下水位，降低稻田盐分，靠海的地区要新修水闸，防止海水的入侵。其中盐碱地种植水稻最重要的是要有足够的淡水资源和完整的排、灌系统；在水稻种植前需要平整整地和淡水泡田洗盐，使0～20厘米土层的含盐量降到0.2%以下。

（2）改良土壤结构。解决盐的问题后，要解决土壤板结和土质贫乏问题。通过种植绿肥、稻草还田和增施有机肥等措施增加土壤有机质，改良土壤结构，减少土壤水分蒸发；施用的有机肥需要作为基肥翻耕入土，而不能面施，以减少换水时的养分流失。

（3）掌握灌水时期。田间排灌是盐碱地种好水稻的重要环节，水稻在苗期的抗盐能力较弱，可以通过灌深水的办法防止盐害，灌水深度在8厘米左右。以后根据不同生育期调节水层深度，在水稻分蘖期水层可浅些，在孕穗期需深些。灌水压盐需要做到勤灌勤换，防止水分中盐浓度提高；同时还可调节土壤通气状况。一般是每天上午灌水，傍晚排水，以薄水层过夜，次日排干再灌深水，能有效控制盐害，促进稻苗生长；如遇阴雨天可以少灌或不灌，有利于通气发根。

52. 怎样估测水稻产量？

水稻估产有卫星遥感估产、气象估产和田间现场估产等多种形式。田间现场估产比较常用，即农民和专家在田间现场操作。

第一步，根据被测田块面积确定样点的数量、大小和取点方法。被测田块的面积大，则样点的数量就多些，大些，反之则少些，小些。一般每亩取3个点，再大些可以取5个点或7个点；取点方法有三角法或梅花五点法，再大时可采用棋盘法。

第二步，测量每个样点的准确面积，调查基本数据，如总穴数、平均每穴穗数等，然后再对其中长势中等、具有代表性的3～5株植株进行产量结构调查。最后，将各样点植株分别收割，单独脱粒并称其鲜重。有测水仪时，测定鲜重含水量、无测水仪时，令其自然风干至粳稻标准含水量14.5%，再称其干重。

第三步，根据上述基本数据，估算被测田块产量和产量结构。被测田块产量＝被测田各样点稻米风干干重之和×被测田面积/各样点面积之和。如果测得各样点的鲜重当时的含水量，则先将鲜重换算成标准含水量下的籽粒重量，然后再代入上式中，同样可获得被测田的产量。干、鲜重的换算公式为：干重＝（1−鲜重含水量）×鲜重/（1−标准含水量）。

四、水稻病虫害防治

53. 水稻病害分哪几类？通常有哪些主要病害？

　　水稻病害分为侵染性和非侵染性两大类。侵染性病害是由病原生物侵染寄主而引起的，具有一定的传染性。非侵染性病害是由生长条件不适宜或者受到生长环境中有害物质的影响而引起的，不会互相传染，比如种子或者稻苗遇到高温、盐碱度偏高或施肥量过高导致的出苗不齐、秧苗青枯、黄枯和黑根，以及农药使用不当造成的药害等。一般说水稻病害通常是指侵染性病害，主要包括立枯病、恶苗病、稻瘟病、稻曲病、纹枯病、条纹叶枯病、叶鞘腐败病、细菌性褐斑病和干尖线虫病等。

54. 水稻立枯病有哪些症状及如何防治？

　　水稻立枯病主要有幼芽腐死和立针基腐等症状。芽腐是在出土前或者刚出土时发生，幼芽或幼根变褐色，芽扭曲腐烂而死。针腐多发生于立针期到 2 叶期，病苗中心枯黄，叶片不展，茎基较软易折，根变成黄褐色。从出苗到插秧的整个育秧阶段均可发病，但离乳期发病最重。水稻立枯病一般可通过土壤调酸、生态防治和药剂防治等进行防治。将土壤 pH 调到 4.5～5.5，可有效减少旱育秧立枯病地发生。在东北地区，把调酸作为防治立枯病的主要措施；通过控制床内温度、床土水分状况、合理施肥以及床土消毒等措施也可有效防治立枯病地发生。防治立枯病的药剂有敌磺钠和稻瘟灵等，也可用多菌灵、甲基硫菌灵等浸种。

55. 水稻恶苗病有哪些症状及如何防治？

水稻恶苗病俗称公稻子，在水稻生长过程中，感染的病株比正常水稻植株要高，灌浆不充实，叶片黄绿色，植株细弱，叶片、叶鞘狭长，根部发育不良，病株分蘖少或不分蘖，节间显著伸长，茎上有褐色条斑。病株地上部的几个茎节上长出倒生的不定根，后茎秆逐渐腐烂，叶片自上而下干枯。水稻恶苗病通常可通过农业措施和药剂进行防治。尽量选择抗病品种，催芽不宜太长，起秧时要尽可能避免损伤根系，应及时拔除病株并处理掉。用50%多菌灵可湿性粉剂或者50%甲基硫菌灵可湿性粉剂600～800倍液浸种，种子量与药液比为1：（1.5～2），16～18℃浸种3～5天后催芽，也可用25%咪鲜胺乳油3 000倍液浸种3天后催芽，或用25%氰烯菌酯悬浮剂3 000倍液进行浸种。

56. 稻瘟病有哪些症状及如何防治？

根据侵染时期和发病部位的不同，常见的三种稻瘟病为穗颈瘟、枝梗瘟和谷粒瘟。穗颈瘟和枝梗瘟发生在穗颈、穗轴和枝梗上，初期为暗褐色小斑点，后来逐渐变成环状，从上向下扩展，病部颜色多为黄褐色、褐色或黑褐色。谷粒瘟发生在谷壳和护颖上，早期发病，病斑呈椭圆形，较大，中间呈灰白色；后期发病，多数形成褐色至红褐色的椭圆形或近圆形斑点，严重时米粒变黑。水稻稻瘟病可通过农业措施和药剂进行防治。通过品种的合理布局，选取不带病菌的健康种子，施用专用壮秧剂培育壮苗等农业措施进行防治。防治穗颈瘟在始穗期喷药1次，齐穗期再喷药1次。20%或75%的三环唑可湿性粉剂是稻瘟病的专用杀菌剂，预防效果明显。此外，50%稻瘟净乳油、25%咪鲜胺乳油和2%春雷霉素可湿性粉剂的防治效果也非常明显。

57. 稻曲病有哪些症状及如何防治？

稻曲病又称"青粉病""绿黑穗病"，是一种水稻生长后期的谷粒病害。典型的症状是在水稻穗部形成黄色或墨绿色的稻曲球。不同时期稻曲球呈黄色、白色、橄榄色、黄绿色和黑色等不同颜色。选用抗病或耐病品种，适当提前播种，病田秋季深翻，氮、磷、钾肥合理配施，可有效减轻病害发生。用2％甲醛溶液、0.5％硫酸铜溶液等浸种3小时可减轻病害；在水稻扬花前，叶面喷施98％磷酸二氢钾或50％硫酸钾，可提高水稻的抗病性；井冈霉素、波尔多液及三环唑等对稻曲病的防治效果都较好。

58. 水稻纹枯病有哪些症状及如何防治？

纹枯病俗称"烂脚秆""花脚秆""富贵病"等，是一种世界性病害。在水稻生长的整个时期均可发生，以分蘖期和抽穗期危害最为严重。通过种植抗病品种，施足基肥，早施追肥，增施磷、钾肥，合理密植，分蘖期浅灌，中期晒田，后期干湿交替的水分管理方式等进行防治。分蘖后期可选用50％灭菌灵水剂、5％井冈霉素可湿性粉剂、50％甲基硫菌灵可湿性粉剂、50％多菌灵可湿性粉剂等药剂；发病较重时可选用50％异稻瘟净乳油、77％氢氧化铜可湿性粉剂或25％戊菌隆可湿性粉剂等。

59. 水稻条纹叶枯病有哪些症状及如何防治？

条纹叶枯病主要包括"展叶型"和"卷叶型"两种类型。"展叶型"症状为病株心叶沿叶脉呈断续的黄绿色和黄白色短条斑，病叶不下垂；"卷叶型"表现为心叶变绿，呈现弧圈状下垂，严重时心叶枯死。北方粳稻品种一般多呈"卷叶型"。苗期发病，心叶基部出现黄白斑，之后扩展到与叶脉平行的黄色条纹，条纹间仍然保持绿色。分蘖期发病，先在心叶基部出现黄斑，后形成不规则黄白色条斑，老叶显示不出有病。后期发病植株矮化，分蘖减少，在剑叶或叶鞘上有褐色斑，容易引起抽穗不良或畸形不实。通过选择分蘖力强的品种，调整播期促分蘖，调整耕作制度和作物布局等进行防治。

60. 水稻叶鞘腐败病有哪些症状及如何防治？

叶鞘腐败病主要在孕穗期和扬花期的剑叶叶鞘上发生。典型的症状是在稻穗尚未完全出鞘的剑叶叶鞘上发生，开始是出现暗褐色或黑褐色斑点，之后扩大成大型斑纹，严重时病斑蔓延至整个叶鞘，使稻穗局部或全部腐败，形成枯穗或者半包穗。应选用抗病品种，浅水灌溉，适时晒田，防止氮肥过多，适当调节氮、磷、钾肥比例。在抽穗至齐穗期进行药剂防治，可选用的药剂包括 70% 甲基硫菌灵可湿性粉剂、50% 多菌灵可湿性粉剂、36% 三氯异氰尿酸可湿性粉剂、0.02% 高锰酸钾溶液以及 2% 春雷霉素混合 25% 咪鲜胺乳油等。

61. 水稻细菌性褐斑病有哪些症状及如何防治？

细菌性褐斑病又称细菌性鞘腐病，叶片感病时开始为褐色水渍状小斑，之后扩展为不规则赤褐色条斑，病斑中心呈灰褐色，往往融合成一个大条斑，使叶片局部坏死。叶鞘染病多发生在幼穗抽出前的穗苞上，有赤褐色的短条状病斑，后融合成不规则大斑。剥开叶鞘，茎上有黑褐色条斑，剑叶发病严重时不能抽穗。穗轴、颖壳等部位感病时产生近圆形褐色小斑，严重时整个颖壳变成褐色，并深入米粒中。通过选用抗病性好的品种，保持一定的栽插密度，及时防除田间及池埂上的杂草，避免深水灌溉、串灌以及加强检疫管理等进行防治。对稻种进行消毒，用 70% 春雷霉素可湿性粉剂 2 000 倍液浸种 2 天，捞出催芽播种；或者用 10% 叶枯净可湿性粉剂 2 000 倍液浸种 1~2 天，催芽播种；也可在插秧前、有效分蘖末期或抽穗前，喷施 50% 氯溴异氰尿酸可湿性粉剂 1 500 倍液进行药剂防治。

62. 水稻赤枯病有哪些症状及如何防治？

赤枯病又称铁锈病，俗称僵苗。低温条件下，植株上部嫩叶变成淡黄色，叶片上出现很多褐色针尖状的小点，叶尖较多，下部老叶呈现淡褐色或黄绿色。稻根较软，白根少而细。移栽后返青缓慢，株型较小，分蘖很少。根系变黑或深褐色，新根很少，节上长出新根。通过加深耕层，增施有机肥，早施磷、钾肥进行防治；发病田要及时排水，轻度晒田；也可喷施 1％的氯化钾或 0.2％的磷酸二氢钾溶液或每亩用 30％乙酰甲胺磷乳油 100～150 毫升，兑水 50 千克喷雾，保水 1～2 天。

63. 水稻青枯病有哪些症状及如何防治？

青枯病的叶片内卷萎蔫，呈青灰色，茎秆干瘪萎缩，谷壳呈青灰色，为秕谷。通过选用抗旱力强的品种，控制深水灌溉时间，适度晒田，后期水分管理采用干湿交替，防止过早断水，避免氮肥施用过多、过迟等措施进行防治。

64. 水稻干尖线虫病有哪些症状及如何防治？

水稻干尖线虫病又称干尖病、白尖病，属于种传病害。在水稻的整个生育期都会发生，发病部位主要在叶和穗部。通常仅有少数在 4～5 片真叶时出现干尖，即叶尖 2～4 厘米处逐渐卷缩变色，叶尖干枯，呈浅灰褐色。这种干尖在连续风雨时易脱落。该病症状在孕穗期表现最为明显，剑叶或倒数第二、第三叶片尖端 1～8 厘米处细胞逐渐枯死，变成黄褐色、半透明、扭曲状而成干尖，逐渐成灰白色。成株病叶的干尖不易脱落，收获时都能看到。早晨露水多时，干尖因露水浸透，伸开平直，呈半透明水渍状，露水干后又逐渐卷曲。通过调种时严格检疫，选用无病的种子进行防治，也可采用温汤浸种或药液浸种杀死种子内线虫进行防治。将干种子在 56～57℃热水中浸 10～15 分钟，取出后用冷水冷却后，摊开晾干，催芽播种。用0.5%盐酸溶液浸种3天，取出后用水冲洗，催芽播种；或者用5.5%浸种灵Ⅱ号、线菌清550倍液或50%巴丹浸种后催芽播种。

65. 如何防治稻田蝼蛄？

蝼蛄常发生在旱育秧的苗期以及旱直播田的苗期。在秧田，选择通透性好的地块做苗床。在蝼蛄发生较重的地区，可用辛硫磷或吡虫啉拌种的方法进行防治，也可于水稻苗期，于蝼蛄隧道附近浇水前或浇水时每亩喷25～50毫升拟除虫菊酯类杀虫剂进行防治。

66. 水稻潜叶蝇的发生时期及防治措施是什么？

潜叶蝇又称螳螂蝇，危害水稻主要是第二代幼虫，危害时期为6月上、中旬（插秧后10～20天）。通过清除池埂和水渠上的杂草、浅水灌溉、适时排水晒田等措施进行农业防治。在移栽前1～3天，水稻3.1～3.5叶期，叶面喷施70%吡虫啉水分散粒剂，使稻苗带药下地；在幼虫发生期（水稻5.5叶期），可用10%灭蝇胺悬浮剂、70%吡虫啉乳油或25%噻虫嗪水分散粒剂进行药剂喷雾防治。

67. 二化螟的发生时期及防治措施是什么？

二化螟俗名钻心虫、蛀心虫等。从秧苗期至成熟期都有二化螟的发生。2龄以后幼虫在分蘖期可咬断稻心，造成枯心苗；在抽穗期，可造成水稻白穗；在乳熟至成熟期，可造成伤株。通过冬季或春季清除田边杂草，消灭越冬幼虫的方法进行农业防治。在初见枯心时喷5%氟虫腈悬浮剂、50%杀螟硫磷乳油和48%毒死蜱乳油等可有效消灭幼虫在3龄之前。

68. 水稻负泥虫的发生时期及主要防治措施有哪些？

负泥虫俗称背粪虫，以成虫和幼虫危害水稻苗期和分蘖期的叶片。成虫将秧苗叶片吃成纵行透明的条纹和丝状；幼虫吃叶片上表面和叶肉，严重时叶片灰白干枯，叶尖逐渐枯萎。通过清除杂草，消灭越冬成虫，减少虫源的方法进行农业防治。在水稻5.5～6.0叶期，选用70％吡虫啉水分散粒剂、2.5％氯氟氰菊酯乳油和2.5％溴氰菊酯乳油等进行药剂防治。

69. 稻纵卷叶螟的发生时期及防治措施是什么？

稻纵卷叶螟的虫源主要来自南方，7月上、中旬首次迁入，7月下旬是成虫出现的高峰期。8月上、中旬再次迁入，田间水稻出现卷叶。8月中旬至9月上旬水稻出现严重卷叶，造成的危害最为严重。通过选用抗虫品种，加强肥水管理，避免前期猛长后期贪青的方法进行防治。在8月下旬，可用40％氯虫·噻虫嗪水分散粒剂或50％吡虫·杀虫单可湿性粉剂兑水进行喷雾防治。

70. 稻水象甲的发生时期及防治措施是什么？

稻水象甲是一种检疫性害虫，主要以幼虫和成虫危害水稻。成虫在林带、沟渠、池埂、道路两侧的树叶上及杂草下的土壤中越冬，越冬代成虫于水田插秧后迁飞至本田危害稻叶。危害时沿叶脉啃食叶肉，形成与叶脉方向平行的白条斑，新一代幼虫危害水稻新根，造成秧苗缓苗慢，严重的秧苗一拔即起，甚至造成漂秧，直接影响水稻产量。一般可导致水稻减产10％～30％，严重时可达50％以上，甚至绝收。通过秋耕灭茬，清除杂草，消灭越冬成虫，减少虫源的方法进行农业防治。在移栽后5～10天，选用20％阿维·三唑磷乳油或35％敌畏·马拉松乳油进行防治。

71. 稻飞虱的发生时期及防治措施是什么？

稻飞虱的种类较多，对水稻危害严重的主要有褐飞虱、白背飞虱和灰飞虱三种。稻飞虱属于迁飞性、偶发性害虫，每年7月上旬至8月上旬由南方稻区迁入辽宁稻区，对水稻生长造成危害。2017年在吉林盐碱地稻区和吉林南部稻区都有一定发生，而且有一定扩大趋势。由于稻飞虱来源于外地，只有密切监视田间虫量，才能制定合理的防治措施。一般是当田间虫量达每穴10头以上时进行防治。常用的药剂有50%杀螟硫磷乳油、50%巴丹可湿性粉剂、25%吡虫啉可湿性粉剂、5%杀虫双颗粒剂、80%杀虫单可湿性粉剂和45%马拉硫磷乳油等。

72. 稻水蝇的发生时期及防治措施是什么？

稻水蝇又称水稻蝇蛆，是苏打盐碱地水稻苗期的重要病害。主要以幼虫危害，咬断或钩断水稻的初生根和次生根，导致漂秧。幼虫在稻根或杂物上化蛹，影响水稻根系正常生长，使植株生长矮小，返青缓慢，分蘖延迟。盐碱较重的地块秧苗成片死亡。通过对盐碱地地改良，田间水分实行单排单灌，适时排水晒田等措施进行农业防治。在成虫发生盛期可按1∶4混合2.5%敌百虫粉剂和1.5%乐果粉剂喷施，或用40%乐果乳油或90%晶体敌百虫稀释喷雾进行防治。

五、稻米加工

73. 什么是稻米加工？稻米加工的关键技术有哪些？

稻米加工是指稻谷经过机械、物理和化学等技术处理，按照其特性和产品目标要求，形成不同的特用商品或产品的技术过程。稻米的加工品质反映了稻谷的特性，其评定的主要指标有出糙率、整精米率、大米中碎米的含量、大米加工精度等指标。稻米加工的关键技术有稻米调质技术、碾米技术、大米抛光技术、大米色选技术。

（1）稻米调质技术。是指对碾白前的糙米进行温度和水分的调节。在碾米前对糙米表层进行加温、加湿、软化皮层，有利于提高碾米的效率，碾后的米表面光洁，脱胚率大幅度提高，碎米率降低。

（2）碾米技术。是指把糙米的糠层和胚芽部分碾去，使之成为符合食用稻米的工艺。尽量保证大米的完整性，减少碎米，提高出米率，提高大米纯度，为下一步抛光技术做准备。

（3）抛光技术。大米外观色泽光亮、洁白是优质米的指标之一。大米抛光技术是生产优质精制大米必不可少的一道工序。抛光技术有利于提高大米的外观品质及大米的商品价值，改善和提高大米的食用品质。

（4）大米色选技术。大米中可能混有异色粒，如黄粒、病斑粒。为了提高大米的商品价值，就要除去那些异色米粒。通过色选机能进行有效地分离，色选效果十分明显，是除去黄粒米和病虫粒的技术保证。

74. 优质米加工时应注意什么？

优质稻谷收获后，也不一定能生产出真正的优质米。由于加工工艺会对成品稻米的加工精度和质量产生影响，所以要想达到整精米率高、碎米少、米粒表面无糠粉、光亮的效果，在加工时应注意以下几点：

（1）原料稻谷的选择。稻谷应选择容重大、籽粒饱满、成熟度好的稻谷。

（2）精米率保证在 73% 左右。由于精碾过度的米饭香气变弱、营养流失，而加工不足的米，蒸煮时淀粉不易糊化，硬度增加，口感不好，色泽较差。

（3）严格控制碎米的数量。大米控制碎米率在 4% 左右，因为碎米会影响大米口感和储藏，同时使大米商品等级下降。

（4）严格控制稻谷的含水量。标准的含水量在 15% 左右，如果采用糙米着水润糙调制技术，可提高出米率和降低碎米率。

（5）调整大米水分含量。调整大米的水分含量在 15% 左右，即可满足安全储藏要求，也较好地改善米饭的黏性和食味。

75. 稻米加工不安全因素主要有哪些？

稻米加工应注意以下几点：

（1）保持原料的品质。如原料中含有病虫害粒、晦暗粒、发霉粒、高水分粮粒等，在适宜的条件下会形成霉菌并产生毒素，会对人体健康产生危害。

（2）加工设备的清洁。设备用机油、清洁剂清洁时会污染稻米，特别是工作时间长，未及时进行清洗的设备，米糠长时间在机器内凝结后结块，会导致霉菌和致病菌地形成。

（3）防止运输污染。注意装载稻米设备的卫生，如果装载稻米的输送设备不清洁会导致不明污染物地形成。

（4）防止生产车间内的粉尘浓度超标。

（5）防止包装材料的不清洁等。

76. 稻米包装应注意哪些问题？包装标识包括哪些内容？

稻米的包装应符合国家标准 GB/T 17109—2008，所有的包装材料应清洁、卫生、干燥、无毒、无异味、符合食品卫生要求。包装要牢固，不泄漏物料。包装时应注意以下几点：

（1）加工后的稻米成品不能立即包装，需要降温至 30℃ 或不高于室温 7℃ 才能包装。

（2）包装大米的器具应该专用，不得污染。

（3）打包间的落地米不得直接包装出厂。

（4）包装口务必缝牢固，以防撒漏。

（5）出厂产品应附有检验部门签发的合格单，合格证也应使用无毒材质制成。

大米的包装材料表面的图案、文字印刷应清晰、端正、不褪色。包装标识应包含的信息：净含量；品名、执行标准号、质量等级；生产者或销售者名称、地址、商标、邮政编码；生产日期、保质期；存放大米注意事项以及食用方法说明；特殊说明、条形码或二维码及必要的防伪标识。

77. 收获后的稻谷为什么需要干燥？

北方以单季稻为主，新收获的稻谷平均水分多在 $20\%\sim24\%$，是有活力的有机体，可进行呼吸作用以及各种生物酶的催化反应。为了抑制稻谷籽粒的呼吸作用，需要对稻谷进行干燥，干燥后的稻谷籽粒变硬，有利于稻谷研磨成大米产品。同时，干燥后的稻谷，质量和体积均减少，有利于包装和流通。

78. 干燥稻谷的主要方法有哪些？

目前，稻谷干燥主要方法有三种，即常规日光晾晒干燥、机械通风干燥和机械干燥。

日光晾晒是农村和基层粮库广泛应用的方法，利用太阳光热量和自然风力降低稻谷水分。但是日光晾晒稻谷容易混入灰土、砂粒等杂质，同时晾晒掌握不好，容易"爆腰"（裂纹米），影响稻米的品质。

机械通风是将常温空气或加热的空气送入谷堆的干燥技术。烘干后的稻米品质好。机械通风设备简单，操作简单，投资少，但是稻谷层不能太高，且干燥时间较长，受气候条件限制，干燥能力有限。

机械干燥是使用烘干机处理高水分稻谷，将 $40\sim150\,℃$ 的热风送入烘干机内加热湿稻谷。具有去水快、降水幅度大、处理量大等特点，但是投资大、耗能多、干燥成本高、操作复杂。

79. 稻谷的储存方法有哪些？需要注意哪些问题？

稻谷的储存方法主要有常规储藏法和缺氧储藏法。

常规储藏法是指稻谷从入库到出库，在一个储藏周期内（通常为1年），要采取控制稻谷水分、清除稻谷杂质、稻谷分级储藏、稻谷通风降温、防治稻谷病虫和密闭稻谷粮堆6项措施。

缺氧储藏方法是利用某些惰性气体如二氧化碳或氮气置换出粮堆内的原有气体，从而达到抑制粮食生理活动，预防病虫、霉害的一种保管粮食方法。

稻谷储藏时的含水量及管理条件对稻米的安全性和品质都会有一定的影响。因此，稻谷储藏需要注意以下几个方面：

（1）严格控制稻谷水分：稻谷的安全水分是安全储藏的根本，一般新入库的稻谷，杂质不超过0.5%，水分控制在安全水分以内，不超过14.5%。

（2）加强通风降温。要利用机械通风，把谷堆内的湿、热及时散发；同时，在秋稻入库后，要充分利用冬季寒冷的天气，降低粮温，在降温的同时，要防止粮面结露。

（3）适时密闭储藏。对于低水分的稻谷，在春暖之前要做好密闭防潮工作，密闭储藏可延缓粮堆温度的提升，有利于安全度夏。

（4）稻谷不能长期储藏，最好控制在3年以内，同时要做好仓库和器材的清洁消毒工作。

六、优质大米与食用安全

80. 什么是原产地域大米？

原产地域大米，就是指在特定区域内，用特定区域的原材料，按照传统工艺进行生产，它的质量或者声誉主要取决于产地的地理特征。这种产品要依照规定经审核批准，才能以原产地域大米名称命名。如黑龙江的五常大米和辽宁的盘锦大米，都是国家质量监督行政主管部门根据"原产地域产品保护规定"批准保护的大米产品。

五常大米的产地土壤类型以沙壤土为主，灌溉水质好，雨热同季，日照充足，生长季节平均气温在 18～22℃，平均昼夜温差 13℃。主栽品种是当地培育的五优稻系列和松粳系列优质品种，米饭口感绵软略黏、香甜，饭粒表面有油光，冷后仍保持良好口感，受到广大消费者的称赞。

盘锦大米因产地位于东北松辽平原南端，水稻生长季节热量资源丰富，雨热同季，日照充足。在水稻抽穗至成熟期内，平均气温在 20℃以上，灌溉水以太子河上游水库和地下水为水源。本区域属于退海冲积平原，土壤类型是滨海盐型水稻土，耕层土壤为弱碱性盐碱地，pH 为 8.0～9.1，全盐含量 1.0～6.0 克/千克，镁、钾等元素含量高。主栽品种是当地培育的辽盐系列优质粳稻品种，具有该区域大米的自然清香味。

国际知名品牌优质稻米均是由最佳产地的优质稻品种生产加工出来的，优质水稻品种种植在最佳生态适应区域或最佳产地，是提高大米食味，创造原产地域品牌的重要标志。可见用品种和产地可以简单的标识优质稻米的身份。

81. 什么是绿色食品大米？

绿色食品大米是遵循可持续发展的原则，按照特定生产方式生产，经专门机构认定，许可使用绿色食品商标标志的无污染、安全、优质的大米。根据其认证要求，分为 A 级和 AA 级。

82. A 级和 AA 级绿色食品大米的区别是什么？

生产 A 级绿色食品大米的稻谷，其产地环境质量必须符合 NY/T 391—2013《绿色食品产地环境质量》。生产过程中严格按照绿色生产资料使用准则和生产操作规程要求，限量使用限定的化学合成生产资料。产品质量符合绿色食品产品标准，经专门机构认定，许可使用 A 级绿色食品标志的稻米。

生产 AA 级绿色食品大米的稻谷，其产地环境质量除必须符合 NY/T 391—2013《绿色食品产地环境质量》外，生产过程中不能使用化学合成的农药、肥料、食品添加剂及其他有害于环境和身体健康的物质。AA 级绿色食品大米按有机食品生产方式生产，产品质量符合绿色产品标准，经专门机构认定，许可使用 AA 级绿色食品标志的稻米。

A 级和 AA 级绿色食品大米的主要区别：一是 AA 级绿色食品大米可等同于国际有机食品大米的基本要求；二是在 AA 级绿色食品稻米生产操作规程中禁止使用任何化学合成物质，而在 A 级绿色食品生产中允许限量使用规定的化学合成物质；三是 A 级绿色食品稻米包装上有绿底印白色标志，其防伪标签的底色为绿色，而 AA 级绿色食品包装上是白底印绿色标志，防伪标签的底色为蓝色。

83. 什么是有机食品大米？

有机食品大米是指来自于有机农业生产体系，根据国际有机农业生产要求和相应的标准生产加工，并通过独立的有机食品认证机构认证的大米产品。

有机食品大米在其生产和加工过程中禁止使用农药、化肥、生长调节剂等人工合成物质，禁止使用转基因品种。因此，有机食品的生产要比绿色食品难得多，需建立全新的生产体系，采用相应的农业替代技术。

有机食品稻米生产体系的特点是选用抗性强的作物品种，利用秸秆还田、绿肥和经无害化处理的动物粪便等培肥土壤，保持养分循环，采取物理和生物措施防治病虫草害，采用合理的耕种措施保护环境，防治水土流失，保持生产体系及周围环境的生物和基因多样性等。注重系统营养物质的循环来保持和提高土壤生产能力，因地制宜地依靠生态系统管理来发展当地的自我支持系统。有机食品稻米生产体系是以生态效益为优先发展目标的农业生产方式，反映了农业可持续发展的要求。有机食品大米需要符合以下 4 个条件：

（1）原料必须来自有机农业生产体系。

（2）产品在整个生产过程中严格遵循有机食品生产、加工、包装、储藏、运输标准。

（3）生产者在有机食品生产和流通过程中，有完善的质量跟踪审查体系和完整的生产及销售记录档案。

（4）必须通过独立的有机食品认证机构认证。

84. 什么是无公害大米？

无公害大米是指产地环境、生产过程、产品质量符合国家有关标准和规范的要求，大米加工质量和卫生指标达到无公害食品大米要求，并经专门机构认证，允许使用无公害标识的稻米产品。

85. 绿色食品大米、有机食品大米和无公害大米有什么区别？

（1）认证对象不同。无公害大米和绿色食品大米是以大米产品为认证对象，属于质量证明商标；而有机食品大米的认证对象是土地和生产者，更强调生产过程中的质量控制及产品可追踪性检查。

（2）质量安全指标要求不同。无公害大米、绿色食品大米产品执行标准不同，在产品质量要求、农残和重金属限定指标上，绿色食品大米严于无公害大米。国际上有机食品大米一般不要求对产品进行检测。

（3）商标性质和标识不同。无公害大米、绿色食品大米的标识是产品质量证明商标，有机食品大米是生产过程证明商标。分别使用无公害大米标志、绿色食品标志和有机食品标志。

（4）质量安全水平不同。无公害大米等同于国家标准安全食品，绿色食品大米等同于发达国家普通安全标准食品，有机食品大米等同于生产国或销售国安全标准食品。

（5）认证方法不同。无公害食品大米和绿色食品大米根据标准，强调从土地到餐桌的全过程质量控制。检查检测并重，注重产品质量。有机食品大米实行检测员制度，国外通常只进行生产过程检查；国内一般以检查为主，检测为辅，注重生产方式。

（6）运作方式不同。无公害食品大米：政府运作，公益性认证；产地认定与产品认证相结合，由政府统一发布。绿色食品大米：政府推动、市场运作；质量认证与商标转让相结合。有机食品大米：社会化的经营性认证行为；因地制宜、市场运作。

（7）环境质量要求不同。对产地环境的空气质量、灌溉水质、土壤环境质量要求的监测指标和允许限量不同。对产地有机食品大米的环境质量要求严于绿色食品大米、绿色食品大米严于无公害食品大米。

86. 什么是留胚米？留胚米的优点是什么？

留胚米也称胚芽米，是指稻谷在加工过程中保留胚芽部分，其他部分则与白米完全相同的一种精制米，是留胚率在80％以上的大米。留胚率是指大米试样中，留有全部或部分胚的米粒占试样粒数的百分比。留胚米中的米胚含有多种营养成分，营养价值高，长期食用留胚米能够提高人体的新陈代谢能力，又对肠癌、便秘、痢疾、肥胖、糖尿病等症有一定的预防作用，还有减肥、排毒、美容养颜、保持青春活力之功效，还可以降低心力衰竭的发生率。

87. 什么是复配制米？其营养价值如何？

复配是指两种或两种以上的物质，按一定比例混合加工生产出的具有新特性的混合物。复配米能实现稻米品质的优势互补，按不同功能、风味，将不同品种、品质、规格的大米按一定比例经过机械设备进行配比，满足不同消费需求和人们身体健康及营养的需要。根据配米的定义，配米的品种种类很多，根据其特性主要包括常规性配米、香型配米、口感型配米和营养型配米四大类。

目前食用的高精度大米，其精度越高，食味越好，但营养损失越严重，而这些营养往往是人体所必需的。而配米中添加了人体所需要的维生素（维生素 B_1、维生素 B_2）、氨基酸（如赖氨酸）、矿物质（如钙、铁）等营养成分，可有效弥补普通大米营养成分的不足。而配米中的杂粮含有丰富的蛋白质、脂肪、碳水化合物、维生素、矿物质和纤维素等营养成分，添加到普通大米中可明显增加米饭营养品质、丰富米饭风味。

88. 什么是发芽糙米？其营养价值如何？

发芽糙米是指利用种子发芽这一自然力，使富含维生素、无机盐、食用纤维的糙米变得易蒸煮，使其口感升级，特别是功效成分被进一步强化，具有一定附加值的米。发芽糙米产品通常带有 0.5～1.0 毫米长的幼芽、且发芽率大于 80%，主要由幼芽和带皮层的胚乳构成。发芽糙米实质上是经过一定活化工艺处理的糙米。

发芽糙米的必需氨基酸、生理活性物质与糙米相比，种类更多，含量更高。发芽糙米富含的 γ-氨基丁酸是糙米的 3 倍，大米的 10 倍。γ-氨基丁酸是蛋白质的一种，具有多种生理功能，主要包括心血管调节作用、神经营养性作用、促进生长素分泌的作用、改善脂肪代谢、防止动脉硬化。发芽糙米含有较多的生育酚、生育三烯酚，可防止皮肤氧化损伤，保持皮肤细胞中维生素 E 的正常水平，抗血管硬化。三烯生育酚可抑制癌细胞的增殖。发芽糙米含有丰富的抗脂质氧化物质、多量的食物纤维，还含有丰富的微量元素和维生素，如镁、钾、钙、锌、铁、维生素 B_1、维生素 B_2、维生素 B_6、维生素 H 和维生素 E 等；发芽糙米中还含有白米中很少或几乎不含的许多物质，如肌醇、植物甾醇、二十四烷醇、二十六烷醇、二十八烷醇等。

89. 什么是发芽白米？其营养价值如何？

发芽白米是指以发芽糙米为原料，碾磨制成的白米。发芽白米不仅 γ-氨基丁酸含量较高，其他的诸如肌醇、植酸、维生素、矿物质等功能性成分的含量也比普通白米高。

发芽白米主要的营养功效成分为 γ-氨基丁酸，其具有健脑、降压作用，可改善脂肪代谢，防止动脉硬化，可醒酒和防止皮肤老化，另外，还具有活化肝、肾功能，促进生长激素分泌、防止肥胖、消除体臭等生理功能。

90. 什么是大米的食用安全？

食品安全是指食品无毒、无害，符合应有的营养要求，对人体健康不造成任何急性、亚急性或者慢性危害。食品安全也是一门专门探讨在食品加工、储存、销售等过程中确保食品卫生及食用安全，降低疾病隐患，防范食物中毒的跨学科领域。

大米的食用安全是个综合概念，包括大米质量和营养等相关方面的内容，涉及大米种植、加工、包装、储藏、运输、销售和消费等各个环节。因此，加强大米质量监控、确保大米品质安全，对保证消费者营养和健康有着非常重要的意义。

91. 导致食品不安全的因素有哪些？

食品污染的不安全因素存在于食品加工生产过程中的每一个环节，种植、加工、包装和消费等一系列活动中，都有可能由一些人为因素或其他因素导致食品污染，主要表现在化肥、农药等有害物质残留，重金属污染，超量使用食品添加剂，毒素污染，滥用非食品加工用化学添加物，使用劣质原料进行生产加工，病原微生物控制不当和腐败变质的食物仍然上市流通等方面。

92. 如何保证大米的食用安全？

针对大米食用安全中出现的重金属污染、农药残留及添加剂滥用等问题，从稻谷种植、收储、加工和包装盒运输等环节严格把控，加强和改进大米品质监控的措施。稻谷是影响大米质量优劣的基础，品种和种植地的选择、农药和化肥的使用等都会影响大米的品质。只有从源头加强管理，才能确保大米的食用安全。

93. 食用大米的注意事项有哪些？

大米是主食之一，其保质期一般只有 3～6 个月。保存大米的最基本要求是放在阴凉、干燥、通风处，还要根据不同的季节，适时调剂家中大米的存量。例如，夏季气温高，空气湿度大，大米特别容易受潮发霉，这时候就要减少大米的存量，最好是随买随吃；而到了秋冬季节，气温比较低，空气也相对干燥，则可以稍微放久一点。

一般人群均可食用大米，但是体虚、高热、久病初愈之人，以及产后妇女、老年人、婴幼儿消化力较弱者，宜煮成稀粥调养食用；糖尿病患者不宜多食。

第二部分　玉米种植

一、品种选择

94. 如何查询玉米品种相关信息？

各省均有种业信息网，如果是近几年审定的品种一般都有公告。最具权威的查询平台是中国种业大数据平台，隶属于农业农村部种子管理局（http：//202.127.42.145/），可以查询到品种的详细信息。

95. 玉米主导品种信息如何查询？

各省农业主管部门一般在每年春季，在网上发布本省农业主导品种，以便查询。部分网址：黑龙江省农业信息网 www.hljagri.gov.cn；吉林省农业委员会 www.jlagri.gov.cn/；辽宁金农网 www.lnjn.gov.cn/。

96. 如何选择玉米品种？

（1）应购买和种植已审定品种。建议新审品种与以往种植过的高产、稳产品种同时种植。新品种育成一般要经过 10 年左右，新品种的更新迭代需要在本地进行适应性试种，一味追求选种新品种易增加种植风险。

（2）必须到正规种子经销商处购买。必须到经过当地种子管理部门的批准和登记注册，持有农作物种子经营许可证，并接受种子质量监督检查的种子经营单位。其他渠道购买的种子均存在一定风险。

（3）严格按品种适应性种植。越区种植违背自然规律，遇上不利天气，往往不能正常成熟。部分农民片面追求高产，抱着侥幸心理，越区种植晚熟玉米品种，由于收获时籽粒不能完熟，品质差，难以销售。

97. 特用玉米有哪些？

特用玉米主要有糯玉米、甜玉米、笋玉米、高蛋白玉米、高淀粉玉米、高油玉米和爆裂玉米等。各类玉米特点如下：

（1）糯玉米口感黏性，适口性好。

（2）甜玉米分为普甜、加强甜和超甜，含糖量高、甜脆可口。

（3）笋玉米需吐丝前采收，扒开苞叶，去掉花丝，采收未受过精的玉米笋。

（4）高蛋白玉米是饲养牲畜的优质饲料，可加工优质食品。

（5）高淀粉玉米包括直链淀粉和支链淀粉，主要用于医药和工业行业。

（6）高油玉米用于榨取玉米油。

（7）爆裂玉米主要用来制作爆米花。

98. 玉米种子如何包衣？

玉米种子包衣分机械包衣和人工包衣，大型种子公司主要采用机械包衣。人工包衣便捷，适用于少量种子，主要有如下方法：

（1）塑料袋包衣法。按包衣剂使用说明规定的比例取一定量的种子和相应包衣剂装入袋中，扎好袋口，上下翻动及揉搓，直至均匀为止。

（2）容器包衣法。按包衣剂使用说明规定的比例，将种子和包衣剂倒入有盖塑料箱或小铁桶摇动或搅拌，直至均匀。

99. 如何测定玉米种子的发芽势与发芽率？

多采用毛巾卷发芽法。取毛巾，于水中煮沸消毒，沥去多余的水分，摊在清洁的桌面上。取 2 份玉米种子各 100 粒，分别排列在两块毛巾上。排列时留出半块毛巾，将种子排在另半块毛巾上，种子间留一定距离，毛巾边缘处空出 2～3 厘米。将空着的半块毛巾覆盖在排列好的种子上，并将一根筷子放在毛巾的毛边处，将毛巾卷成筒（筷子卷在中央），两头用皮筋绑牢，并悬挂标签。将毛巾卷倾斜放入有水的盆中，让其自动吸水（把标签的一端放在盆口处）。最后，将其放在 20～30℃（最好是 30℃恒温）处培养，3 天后打开毛巾卷查看发芽势，7 天后计算发芽率。

100. 真假玉米种子如何识别？

（1）查看种子的包装是否标准。合格种子包装物上都附有标准标签，明确标有种子类别、品种名称、注册商标、产地、质量指标、检疫证明编号、生产经营许可证编号、审定编号、生产批号、生产日期和注意事项等。

（2）查看种子外观。查看没有包衣的种子，种子是否色泽鲜亮、颗粒饱满、大小均匀一致。

（3）从正规渠道购买种子。购种时要选择可信度高的厂家或经销商；购种后向销售方索要购种票据。

101. 如何区分新陈玉米种子？

（1）先查看种子包装袋上的生产日期是否为当年或上年秋冬季；查看种子外观，陈种子经过长时间的储存干燥，往往颜色较暗，无光泽；最后看种子胚部，新种子胚部软，用手掐其胚部，感觉角质多，粉质较少，种尖穗轴颖片多而新鲜，而陈种子胚部硬，胚部角质少，粉质较多，种尖光滑，无穗轴颖片。

（2）进行种子发芽试验。查看种子的发芽率和发芽势，新种子发芽率高，胚芽粗壮，而陈种子发芽率低，胚芽纤细。

102. 如何储存玉米种子？

（1）含水量高的种子不能入库，低温会使含水量高的作物种子受冻，最后丧失活力。

（2）防止品种间的互相混杂，要把种子分类摆放。

（3）不可用塑料袋装种子，易影响种子正常呼吸，造成热伤、霉烂变质。

（4）做好防潮工作，要避免种子接触潮湿地面，或被雨淋、雪盖。

（5）种子储藏期间，注意防止烟熏和热气蒸，要选取通风、干燥的地方储藏。

（6）不要轻易更改种子的存放地点，因为种子对外界温度有一定的适应过程。

二、玉米田选择及耕作

103. 玉米田选地原则有哪些？

相对于其他作物，玉米对土壤要求不严格。玉米对酸碱度的要求在 $5.0\sim8.0$，耐盐碱能力差。玉米根系发达，需要良好的土壤通气条件，土壤空气中含氧量 $10\%\sim15\%$ 最适宜其根系生长，如果含氧量低于 6%，就会影响根系正常的呼吸作用，从而影响根系对各种养分的吸收。因此，高产玉米要求耕层深厚、疏松透气、结构良好，土层厚度在 1 米以上，活土层厚度在 $20\sim25$ 厘米以上，团粒结构应占 $30\%\sim40\%$，总孔隙度为 55% 左右，毛管孔隙度为 $35\%\sim40\%$，土壤容重为 $1.0\sim1.2$ 克/厘米^3。

104. 玉米田整地原则有哪些？

本着细碎、平整、保墒、高效的原则，在玉米播前进行适时整地作业，在土壤适宜含水量（10～20 厘米土层的含水量在15%～20%）的情况下进行，可使用综合整地机械（深松浅翻、重耙、平整一次完成）作业一次。宽窄行种植的玉米田，在玉米收获后可不必处理根茬，只用旋耕机对宽行部分旋耕整平即可，这样整地较容易，机械作业次数少，成本低，效果好。

105. 机械耕整地如何作业？

传统作业方式为铧式犁翻耕＋圆盘耙耙碎。旋耕一般要与深耕隔 1～2 年轮换，深耕后要结合施肥进行浅耕或旋耕，耕深一般在 15～20 厘米，旋耕次数 2 次以上，采用重耙耙透。东北地区多为起垄种植，秋整地后即可进行打垄，或在春季顶浆打垄。近几年，国内外逐步发展了以少耕、免耕等为主的保护性耕作方法和联合耕作机械化技术。少耕以耙代耕、以旋耕代翻耕、耕耙结合、免中耕等，大大减少了机具进地作业次数。免耕是利用免耕播种机在作物残茬地直接进行播种。联合耕作是采用大马力①拖拉机一次进地，完成深松、施肥、灭茬、覆盖、起垄、播种、施药等作业，质量好，速度快，是未来发展的趋势。

106. 耕整地机械的种类有哪些？

根据耕作深度和用途不同，可分为两类：

（1）针对整个耕层进行耕作的机械，如圆盘犁、铧式犁、深松机等。

（2）针对耕作后的浅层表土再进行耕作的整地机械，如圆盘耙、镇压器、松土机、旋耕机、灭茬机、秸秆还田机等。

---

① 马力为非法定计量单位，1 马力＝735.499 瓦。——编者注

107. 玉米田打破犁底层有哪些好处？

（1）促进玉米根系下扎，遇到阶段性干旱时，玉米根系可吸收耕层下部的水分和养分，提高抗旱能力。

（2）增加土壤水库容，在遇到较大降雨时，可以接纳更多雨水下渗，防止表层土壤过湿或积水，减少遭遇大风时发生倒伏的危险。

（3）减少地表径流，降低水土流失。

108. 玉米深松有哪些好处？

东北玉米生产的耕种方式多为垄作栽培，即机械化灭茬、机械打垄、垄上播种的耕种方式。长期采取机械进行表土浅层作业，导致土壤板结，犁底层上移，土壤物理性状恶化，这已经成为制约玉米产量进一步提高的主要因素之一。而采取深松可有效打破犁底层，加深耕层，改善土壤通透性，实现保水、抗旱、排水、抗涝和保肥的目的，改善玉米生长的土壤环境。优点如下：

（1）打破犁底层、疏松土壤、流通空气，提高地温（春玉米早春温度低，及时中耕松土，可以提高土温，有利根系下扎，促进幼苗生长健壮）。

（2）有益于土壤微生物活动，加速有机质分解，提高土壤有效养分，改善营养条件。

（3）调节水分，防旱保墒，促进玉米生长（中耕松土以后，破除土壤板结，截断毛细管，防止松土层以下水分蒸发，达到蓄水保墒作用。当土壤水分过多时，中耕松土又可使土壤水分蒸发，使玉米生长良好）。

（4）防除杂草。

109. 秋季整地有哪些好处？

（1）秋整地耕深一般要达到 20～30 厘米，可以疏松土壤，建立"土壤水库"，充分接纳秋、冬、春季节的天然降水，增强土壤蓄水保墒能力，提高耕地的抗旱、抗涝能力。

（2）抢农时、增积温，减少低温冷害和病虫草害对农业的影响。通过秋季深松整地，达到待播状态；第二年春季可以适时早播，抢夺更多的有效积温。

（3）秋整地作业可使根茬直接被粉碎还田，增加土壤中的腐殖质和有机质的含量。可改善耕层理化性能，促进微生物活动，加速土壤养分转化，在秋整地作业时结合秋施底肥，从而增加土壤肥力。

110. 种植糯玉米、甜玉米如何选择地块？

（1）选择交通方便，采摘后便于运输的地块。

（2）选择肥水条件较好的土壤种植，甜、糯玉米是既需水又怕涝的喜光作物，选择土壤肥沃且均匀、排灌容易，病虫害指数小的地块种植。

（3）隔离种植。要与普通玉米品种隔离种植，防止串粉失去甜性、糯性。隔离种植分为空间隔离和时间隔离。空间隔离一般选周围 200 米内，无同期开花的普通或其他类型玉米。时间隔离一般为错期种植，开花散粉期应间隔 15 天以上。

111. 玉米种植方式有哪些？

以等行距种植和宽窄行种植方式为主。等行距种植方式：一般行距 60～68 厘米，植株地上部和地下部在田间分布均匀，便于机械化操作。在高水肥和密度加大的条件下，行间郁蔽，光照条件差。宽窄行种植方式：一般宽行 90 厘米或 80 厘米，窄行 40 厘米。这种种植方式改善了后期行间冠层光照条件，充分发挥边行优势，使"棒三叶"处于良好的光照条件，有利于高产。

112. 什么是原垄卡种？技术特点有哪些？

旱作农业中，在不进行秋整地的情况下，作物利用原茬垄播种的方法，称为原垄卡种。其特点是既可节能降耗，又可保墒保苗，保持良好的土壤物理性质，达到增产增收的目的。玉米原垄卡种是在不破坏原有垄形的条件下实施播种的一种耕作和栽培措施，它是由耕翻—深松耙茬—免松耙茬向少耕、免耕法迈出的重要一步。

113. 玉米前茬作物如何选择？

玉米对前茬要求不严格，但以豆茬为最好。但应注意前茬作物所使用的除草剂，如大豆长残效除草剂普施特、豆磺隆等危害第二年玉米的生长发育。玉米是较喜肥作物，前茬如果为马铃薯、甜菜等耗地作物时，不宜种植。为了获得较高产量，种植玉米时必须要增加施肥量。

114. 玉米连作有哪些危害？

连作会使土壤有机质含量减少，耕地质量逐年下降，土壤养分失衡、酸化、盐渍化增加，团粒结构减少，耕层板结现象加重，基础地力下降。

115. 玉米轮作方式有哪些？

玉米在轮作栽培模式中发挥着重要作用，通常与春小麦、高粱、谷子、大豆等作物轮作，目前以玉米→大豆→杂粮或玉米→玉米→大豆轮作为主要方式。

116. 坡岗地如何种玉米？

坡岗地既不抗涝又不抗旱，生产条件差，是生态恶化的"三跑田"和综合生产力中低的产田。水土流失是坡岗地的"慢性病"。改良技术措施如下：

（1）横向规划地块，实行等高耕作。

（2）少耕、免耕、耙茬深松以提高抗冲蚀能力，增加渗蓄能力。

（3）秸秆还田、地表覆盖，增加拦蓄径流，减少蒸发，抗旱保墒。

（4）种植耐旱、抗倒伏玉米品种。

117. 黏性土壤如何种玉米？

黏重的土壤结构紧密，通气不良，干时易板结。在春季地温上升迟缓，使玉米苗期生长缓慢。技术措施如下：

（1）秋季、春季适时深松，提高地温和增加土壤通透性。

（2）秸秆还田和使用农家肥逐步改良土壤。

（3）选择芽鞘硬、出苗快、耐低温的品种。

118. 涝洼地如何种玉米？

（1）选择当地早熟品种，选种、晒种、种衣剂包衣后待用；春耕打垄、镇压，墒情宜耕期播种；地温稳定在 8℃ 是最安全的。

（2）及早动手排出田间积水，涝洼地挖排水沟，排出地表积水，降低地下水位；水多的地方，要挖截水沟。

（3）早春整地散墒，秋翻地要抓紧时机整地打垄，末秋翻地要顶凌除茬和扶垄，争取适时播种。返浆重的地，除加紧排水外，还要多次破垄晒田，化一层打一次垄，促进煞浆，然后人工刨埯高位播种。

（4）晒种和催芽。晒种和炕种可以提高种子的抗性，增加出苗率。玉米催芽，可以防止粉种，可提早出苗 5～7 天，早成熟 3～5 天，在晚种的情况下效果更为显著。返浆重的洼地，应在返浆前早春打垄，地温上升后催芽播种，效果更好。

（5）适时抢种。"早了泞，晚了硬"的涝洼地，适耕、适种期短，一定要抓住刚煞浆、地刚绷皮、不沾畜蹄的有利时机抢种。种时要浅播，播深 3 厘米即可。播种时沟底用脚踩实，覆土后不镇压，隔半天或一天地皮干时再镇压。可以实行分段作业，先打垄，后刨埯种植，以争取农时。有条件的地方可机械浅播和晚镇压。

（6）大垄高作。垄距 65 厘米，可降低水分，提高地温，促进早熟，增加产量。要根据实际情况挖排水沟，修台条田，以抗涝灾。

（7）施用磷、锌肥和热性肥料。

119. 玉米秸秆还田技术有哪些？

玉米秸秆还田方式主要有直接还田（翻埋还田、覆盖还田）和间接还田（过腹还田、堆沤还田）。秸秆翻埋还田方式，通过大型玉米收获机收获玉米，同时粉碎玉米秸秆，使长度低于 10 厘米，均匀抛洒到田间，采用栅栏式翻转犁将秸秆耕翻入土（动力在 130 马力以上，翻耕深度 30～35 厘米），将秸秆深翻至 20～30 厘米土层，旋耕耙平，达到播种状态。秸秆覆盖还田，大型玉米收获机收获后，粉碎秸秆，平铺在地表，第二年春季通过免耕播种机进行平播。过腹还田是利用秸秆饲喂牛、马、猪、羊等牲畜后，秸秆先作饲料，经畜禽消化吸收后变成粪尿，以畜粪尿施入土壤还田。堆沤还田是将作物秸秆制成堆肥、沤肥等，待作物秸秆发酵后施入土壤。

120. 我国 159 个"吨粮田"玉米地块有哪些特征？

优越的生态条件是高产必备的先决条件，我国 159 块"吨粮田"绝大多数分布在东起吉林桦甸和北京延庆，跨过内蒙古高原、黄土高原及甘肃河西走廊，西至新疆的伊犁等地区，位居北纬 40°～43°，海拔 1 000～1 500 米。其气候特点是光照充足、昼夜温差大，年日照 2 500～3 000 小时。白天高温和充足的光照有利于玉米进行光合作用，而昼夜温差大（10～15℃），有利于减少呼吸消耗。

三、玉米高产栽培技术

121. 玉米播种前应做哪些准备？

（1）清理秸秆、检修农机。清理秸秆有利于土壤散墒和提高地温，为提高整地质量创造条件，否则会影响墒情和封闭除草效果。提醒农户，严禁在地里焚烧秸秆，因焚烧秸秆不仅破坏土壤结构、污染环境，还易引发火灾。农户还应该趁春耕前对农机具进行检修、保养，达到完好的技术状态，确保春耕机械化作业顺利进行。

（2）晒种。没包衣的种子在播种前选晴天晒种1～2天，可以增强酶的活性，提高种子的发芽势和发芽率，还起到杀菌的作用。若已经包衣的种子不能在阳光下暴晒，以免降低种衣剂的药效。

（3）种子包衣。玉米种子一般需要包衣，特别是地下害虫发生严重的地区，还应该在口肥或底肥里拌入3%辛硫磷颗粒剂，每小亩1.5～2.5千克。对于已经包衣的，不要进行二次包衣，避免药剂累加过量产生药害，影响出苗。有的农户习惯用微肥拌种，如果同时使用其他生物菌剂或者微肥处理种子，必须先用微肥拌种晾干后再拌种衣剂，且顺序不能颠倒。

122. 如何确定播种日期？

北方玉米播种期一般在4月下旬到5月中旬，当地温稳定达到7～8℃时，即可播种。播种太早地温偏低，种子在土壤中停留时间太长，易粉种，易感染丝黑穗病；播种太晚，浪费积温，不利于高产。当温度满足播种条件时，还要观测土壤墒情，适时抢墒播种。

123. 如何确定播种量？

玉米播种量的计算方法为：用种量（千克）＝亩密度×每穴粒数×单粒重×亩数。亩密度＝667 米^2／（株距×行距）。一般土壤肥沃、水分充足、可适当增大密度；土壤瘠薄、水肥条件较差，则宜适当稀植。合理密植还要考虑品种特性。

124. 如何确定种植密度？

（1）一般要根据品种要求的密度特性确定。

（2）根据土壤肥力确定密度。土壤肥力较低，施肥量较少，取品种适宜密度范围的下限值；土壤肥力高、施肥水平较高的高产田，取其适宜密度范围的上限值；中等肥力的取品种适宜密度范围的平均值。

（3）根据水分条件确定密度。无灌溉条件、水分条件较差的宜稀植；灌溉、水分条件适宜的宜密植。

（4）根据地形确定密度。在梯田或地块狭长、通风透光条件好的地块可适当增加密度；反之，减小密度。

（5）机播适当增加播量。为避免机械损伤和病虫害伤苗造成密度不足，需要在适宜密度基础上增加 5％～10％的播种量。

125. 常用播种机类型有哪些？

播种机按不同的类型和方式，可分为以下几种：

（1）根据播种方式，可分为撒播机、条播机、点（穴）播机和精密播种机。

（2）根据作业方式，可分为旋耕播种机、施肥播种机、免耕播种机和铺膜播种机等。

（3）按照与拖拉机的连接方式，可分为牵引式、悬挂式和半悬挂式播种机。

（4）按照排种原理，可分为机械式、气力式、离心式、勺轮式和指夹式等播种机。

126. 播种机械如何选择？

（1）目前使用较多的是勺轮式精量播种机，配套 30～55 马力的拖拉机使用，低于每小时 3 千米的作业速度时，可基本满足精量播种要求。

（2）气力式精量播种机，开沟、覆土和镇压全部采用滚动部件，田间通过性好，各行播深一致，种子破碎率低，适于高速作业。

（3）在未经耕翻的茬地上使用较多的是免耕播种机，由于未耕翻，地表较硬，所以免耕播种机须加装破茬开沟和防堵部件。

127. 气吸式播种机有什么特点和优势？

气吸式播种机具有投种点低、种床平整、排种均匀性好、种深一致、种子破碎率低、适于高速作业等特点。气吸式播种机的优势为可膜上、膜下点播，株、行距可调，通用性强，并能一次完成铺膜、施肥、开沟、播种、覆土和镇压作业。

128. 免耕播种机的特点与优势？

（1）减少翻地次数，降低生产成本，减少能耗，减少作业费用。

（2）减少对土壤的压实和破坏，避免土壤板结，增强蓄水保墒能力。

（3）减轻土壤风蚀、水蚀和水分的蒸发与流失。

（4）提高种子的发芽率，促进玉米生长，提高作物产量。

129. 机械播种质量如何检测？

主要通过以下指标判定：

（1）播种量。每亩播下的种子质量（千克/亩）。

（2）粒距检测。在各播行中间连续测量 20 穴种子间的距离，相邻两穴种子间的距离＞0.5 倍理论穴距、≤1.5 倍理论穴距为合格，≤0.5 倍理论穴距应重播，＞1.5 倍理论穴距为漏播。

（3）播种深度。播行内种子到地表面的距离（厘米），（5±1）厘米的播深度视为合格。

（4）作业速度。机具作业时的行驶速度（千米/时）。

（5）出苗时间。出土高度 2～3 厘米的幼苗苗数达到 50%，即为出苗时间（月/日）。

（6）出苗率（%）。出苗率＝（调查苗数/播种粒数）×100%。

（7）出苗整齐度。1/100 穴幼苗株高的变异系数。

130. 播种作业有哪些注意事项？

（1）机手和农具手必须密切配合，要经常观察排肥、排种情况，防止漏施、漏播。

（2）随时注意种、肥箱中种肥量的多少，一旦不满足一个行程的种肥量，应及时添加，以免到地中间加种、肥而浪费时间。

（3）使用气吸式播种机进行播种时，要注意风机转速不应忽高忽低。

（4）作业过程中，严禁在不提升农具的状态下转弯和倒车，以免损坏农机具。

131. 玉米如何毁种、补种？

当玉米种子粉籽率＞30%，要进行毁种；粉籽率＜30%，可进行补种或移栽。选择比原种熟期略早的品种为宜。

（1）补种措施。原品种进行催芽处理。用 30℃ 的温水浸种，容器内水量以淹没玉米种子并高出 3～5 厘米即可，浸种时间 12～16 小时，然后捞出。浸种后进行催芽，温度控制在 28～30℃，催芽时间在 15～24 小时，当 10% 以上的种子破胸露白，幼根长度在 2～3 毫米时即完成催芽。

（2）毁种措施。如果毁种后依旧播种玉米，应根据当地活动积温，选择早熟玉米品种；如果毁种过晚，可改种生育期较短的作物。

132. **玉米幼苗发紫如何处理？**

幼苗发紫原因：

（1）土壤中缺磷。由于磷素不足，玉米碳水化合物的代谢受到破坏，因为叶片内积累的糖分过多，形成花青素，从而导致叶片变紫。

（2）土壤通气透水性差。由于地势低洼，积水受涝或地面板结，导致玉米根系发育不良，因而引起玉米幼苗发红或发紫。紫苗在低温、板结和排水不良的地块上出现的较多。

（3）低温。玉米出苗后，如遇到低温，根系发育不良，降低了吸收磷的能力，同时低温导致土壤有效磷的有效性降低，会使玉米叶片变红或变紫。此外，造成玉米紫苗的原因还有田间低洼积水，地下害虫危害，土壤过于黏重，播种过深或过浅，以及施肥不当引起的烧苗，药剂处理不当等。

补救措施：

（1）增施磷肥作底肥，一般亩施 40～50 千克过磷酸钙和腐熟发酵的有机肥作底肥。

（2）一旦出现紫苗，可以用 0.2% 的磷酸二氢钾喷施 2～3 次，每隔 3 天喷 1 次，或喷施 1% 过磷酸钙溶液。

（3）对低洼易涝地，及时改善土壤通透性（做好排水、深松、铲趟等），促进土壤吸热增温。

（4）增施农家肥，可以保肥、保水、壮苗、提高地温，增强玉米的抗病、抗药性，从而防止玉米紫苗的发生。没有农家肥可选择一些微生物肥或含有机质的肥料做底肥。

133. **玉米施肥原则有哪些？**

（1）基肥。春玉米施肥的基本原则：应以基肥为主，追肥为辅；农家肥为主，化肥为辅；氮肥为主，磷肥为辅；穗肥为主，粒肥为辅。基肥一般应占施肥总量的70%左右，大部分磷肥也应结合基肥施入，一般在前一年结合秋耕施用。施用基肥时，应使基肥与土壤均匀混合，如用氮肥作基肥，一定要深施，以防氮素挥发损失。在缺磷土壤中，每公顷施普钙450～600千克；在缺钾土壤中，每公顷施氯化钾150千克；在缺锌土壤中，每公顷施七水硫酸锌15千克。

（2）种肥。春播前，用少量农家肥再配合适量的氮、磷肥条施或穴施，作为玉米种肥。

（3）追肥。春玉米追肥多采用"前轻后重"的施肥方式，即在玉米拔节前施入追肥的1/3，每公顷施尿素75～150千克，在大喇叭口期施入追肥2/3，每公顷追施尿素150～300千克，满足玉米雌穗的小穗、小花分化以及籽粒形成阶段对养分的需要。实验结果证实，春玉米采用"前轻后重"的施肥方法，比采用"前重后轻"的施肥方法增产13.3%。

134. 玉米施肥量如何确定?

（1）广施有机肥。玉米是高产作物，其产量水平的高低与土壤肥力水平密切相关，在玉米高产高效施肥措施中，首先要广泛施用有机肥料，提高土壤肥力，一般每亩有机肥投入量应不低于4 000千克。

（2）稳施氮肥。春玉米要施好底肥，调控追肥用量。在单产达500千克以上的高产田，每亩施氮应稳定在9～12千克；单产300～500千克的中产田，每亩施氮应稳定在7～10千克；单产小于300千克的低产田，每亩施氮应稳定在6～8千克。同时，合理调整施用时期和方法，提高氮肥利用效果。

（3）控施磷肥。当前，磷肥的作用已得到人们的普遍认识，但施用磷肥要根据土壤有效磷含量合理确定和控制用量。在高、中、低三种产量的田块中，每亩适宜的磷施用量应分别控制在7

千克、6千克和5千克左右。磷肥一般作基肥施用，施用应强调深施、早施。

（4）增施钾肥。随着土壤速效钾逐年下降，缺钾面积不断扩大，为满足玉米生长对钾素的需求，必须全面增施钾肥。高产田适宜的钾肥施用量为每亩8千克左右，中产田为7千克左右，低产田为6千克左右，氮、磷、钾施用比例应为1:0.5:0.6。

（5）补充微肥。因玉米品种改良、耕作制度改革及施肥结构变化，使得土壤中微量元素缺乏症状越来越明显，尤其是玉米缺锌症状已大面积出现。补施玉米锌肥，可在玉米浸种、包衣等过程配施，也可在玉米播种或苗期追施，普遍每亩施用1~2千克的硫酸锌，还可在玉米专用肥或玉米苗期叶面喷肥中添加锌肥。

135. 如何"一炮轰"施肥？

现在比较流行的施肥方式为"一炮轰"，即玉米整个生育期只施肥1次。这样的施肥方式适合于土壤保肥能力较强，并且地力较好的地块，这样的地块可以定一个较高的目标产量。另外，"一炮轰"最好施用控释肥，与氮、磷、钾24:12:12的比例接近为优，亩施肥40千克，可以种肥同播或在三叶期至拔节期一次性施入。需要注意的是，施肥时要防止烧苗，穴施或者条施距植株7~10厘米，深6~8厘米。

136. 什么是缓控释肥？

广义上讲，缓控释肥料是指肥料养分释放速率缓慢，释放期较长，在作物的整个生长期都可以满足作物生长需求的肥料；但狭义上对缓释肥和控释肥来说又有其各自不同的定义。缓释肥（SRFs）又称长效肥料，主要指施入土壤后转变为植物有效养分的速度比普通肥料缓慢的肥料。其释放速率、方式和持续时间不能很好地控制，受施肥方式和环境条件的影响较大。缓释肥的高级形式为控释肥（CRFS），是指通过各种机制措施预先设定肥料在作物生长季节的释放模式，使其养分释放规律与作物养分吸收基本同步，从而达到提高肥效目的的一类肥料。

137. 玉米是否需要打"丫子"？

玉米分蘖俗称"丫子"，一般出现在玉米出苗至拔节阶段，主要是由外界环境条件造成玉米植株的顶端优势削弱。影响因素包括品种本身特性、播种密度、播种时间、土壤肥水、病虫害和温度。在现有生产条件下，不需要"打丫子"的主要原因：

（1）95％的玉米分蘖会自己死亡。

（2）不结实的分蘖营养会向主茎转移。

（3）传统"打丫子"可能伤害植株根系。

（4）现有品种遗传特性和密植栽培条件下玉米分蘖量减少。

138. 玉米如何预防倒伏？

（1）选择优良品种。选择株高适中，茎秆粗壮、韧性好、根系发达、抗倒性好、抗茎腐病强，抗玉米螟虫强的品种。

（2）加强整地，深松到位。根据耕层土壤厚度的不同，确定耕翻深度，并逐年加深，以逐步提高土壤耕层厚度。并且最好秋整地，以熟化土壤，消灭病虫害菌源和虫源，接纳储存秋冬降水，春季提早播种。深松打破犁底层，并逐渐加深深度，达到30～35厘米，以提高土壤抗旱、抗涝能力和玉米抗倒伏能力。

（3）合理施肥。玉米施肥总体原则是要控制前期营养生长，促进生殖生长（尤其密植型品种更应如此），保证后期不脱肥。施用化肥要适量，氮、磷、钾肥配比要合理，底肥分层施入，深度在12～20厘米。追肥要根据玉米长势和土壤本身肥力和旱涝情况确定追肥时期和追肥位置距离根系的远近。一般来说，玉米长势旺盛、土壤肥力好、水分充足、在机械作业允许的情况下，应适当晚追肥，追肥距离根系适当加大。适当减少底肥中氮的用量，增加其追肥用量。

（4）合理密植。要根据本品种的特征特性，合理密植，不要盲目加大种植密度。密度过大，植株徒长，容易倒伏。并且密度过大，通风透光不良，也易造成养分供应不足，受粉不良，产生空秆、花棒，使小穗增多、病虫害加重。

（5）矮化控制营养生长。玉米长势过于繁茂，株高和穗位过高，容易倒伏。视降水和玉米长势情况控制，若降水较充沛，对于玉米保苗密度较大，叶色深绿、长势旺盛的地块要进行矮化控制。玉米喷施矮化剂分为前期和后期，前期在玉米展开 6～8 叶（可见叶 10～12 叶）时喷施，后期在玉米展开叶 11～13 叶（可见叶 14～16 叶）（大喇叭口后期）时喷施。一般来说，前期喷施对降低基部节间，增加气生根，降低穗位高度效果明显；后期喷施对降低玉米整体株高，缩短穗上部节间，减小穗上部叶片叶面积效果更明显，更有利于后期通风透光，提高棒三叶功能叶片的光合效率，有利于加快果穗籽粒后期脱水。

（6）做好病虫害预防。通过合理施肥、合理密植、种子包衣、药剂防治、中耕排涝等综合措施做好玉米茎腐病预防工作。应用化学防治或生物防治技术做好玉米螟防治工作。

139. 玉米倒伏后怎么办？

倒伏玉米，要采取分类管理措施。

（1）对于倒伏较轻（茎与地面夹角大于 45°）的玉米，一般不需扶直，让其随着生长自然直立起来。玉米在孕穗期前倒伏，不可动，不可扶，倒伏后 3 天之内能自然折起。靠近地面的茎节迅速扎根，由于根量增加，不会再有二次倒伏，对产量没有影响；一旦扶起，必然伤根，并且不再扎根，不仅影响产量，而又容易发生二次倒伏。

（2）对于倒伏严重，特别是匍匐的玉米，应及时进行人工扶直，并在根部培土。由于玉米茎基部第一、第二节间比较脆弱，扶直时要防止折断和增加根伤。扶直方法应两人配合，一人扶直，一人培土，培土高度以 7~8 厘米为宜，培土后要用脚踏实。玉米在抽穗后倒伏，不可剪叶，不可去头。只能扶起扎把。扎把时把果穗扎到绳子上边，不可把果穗扎到下边。扎把的数量以 3~4 株最好。不可超过 5 株，超过 5 株，再遇暴风雨易折断。扎把时要扎紧，不能松动。扎把的时间要求，当天倒，当天扎完，最多不能超过 3 天，3 天后不能再扶，再扶伤根反而减产加重。

（3）对于茎折断的玉米，要尽快把折断植株清除出田间以免腐烂，影响正常植株生长。茎折断严重的地块，应抓紧农时清理地块，补种生育期较短的萝卜、白菜等蔬菜。

140. 玉米为什么秃尖缺粒？如何预防秃尖？

玉米秃尖缺粒主要与品种、土壤、肥水、气候、栽培管理、病虫害等密切相关。预防秃顶缺粒的主要对策：

（1）种植优良品种。种植抗病、抗虫和适应性强的品种。

（2）改良土壤，增强土壤保水保肥能力。提倡使用酵素菌沤制的堆肥和深耕、中耕技术，以改善土壤结构，促进玉米生长发育，增强玉米对不良环境的抵抗能力。

（3）合理施肥用水。要增施有机肥，配合施用氮、磷、钾肥，防止田间缺少磷肥与硼肥；要防止旱、涝灾害，玉米拔节后水分供应要适时、适量，以促进雌雄穗发育。

（4）加强栽培管理：①要根据品种、地力和种植方式，因地制宜地确定密度，以创造良好的通风透光条件，满足中上部叶片对光的要求，促进雌穗发育；②加强中耕除草和培土；③采用宽窄垄种植技术，以改善田间的通风透光条件；④当遇到不良的气候条件而影响正常授粉时，要采用人工辅助授粉技术。

（5）加强病虫害防治。

141. 玉米成熟的标志有哪些？如何确定最佳收获时期？

从植物生理学的角度，籽粒生理成熟的标志：一是籽粒基部剥离层组织变黑，黑层出现；二是籽粒乳线消失。乳线越靠近穗轴方向其成熟度越好，乳线消失后为完全成熟。在部分地区，为抢农时或其他因素形成早收习惯，在果穗苞叶刚发黄就进行收获，此时玉米处于蜡熟期并没有完全成熟。当完全成熟时，果穗的苞叶变白且松散，籽粒乳线消失，含水量已经降到30%以下，此时粒重达到最大，产量最高，为玉米的最佳收获时期。

142. 玉米收获后"烧荒"有哪些危害？

（1）破坏土壤结构，造成耕地质量下降。焚烧秸秆使地面温度急剧升高，能直接烧死、烫死土壤中的有益微生物，影响作物对土壤养分的充分吸收，直接影响农田作物的产量和质量，影响农业收益。

（2）污染空气环境，危害人体健康。焚烧秸秆时，大气中二氧化硫、二氧化氮、可吸入颗粒物三项污染指数达到高峰值，当可吸入颗粒物浓度达到一定程度时，对人的眼睛、鼻子和咽喉含有黏膜的部分刺激较大，轻则造成咳嗽、胸闷、流泪，严重时可能导致支气管炎发生，损害人体健康。

（3）引发火灾，威胁人们的生命财产安全。秸秆焚烧，极易引燃周围的易燃物，尤其是在村庄附近，一旦引发火灾，后果将不堪设想。

（4）引发交通事故，影响道路交通和航空安全。焚烧秸秆形成的烟雾，造成空气能见度下降，可见范围缩小，容易引发交通事故。

（5）焚烧秸秆所形成的浓烟雾及焦土，严重破坏当地的环境形象。

143. 什么是无公害玉米？

无公害玉米主要指没有受到污染的玉米，是指遵循可持续发展的原则，产地空气质量、土壤环境质量符合 GB 3095—2012、

GB 15618—1995 要求，并按 NY/T 394—2013、NY/T 393—2013 要求合理使用肥料和农药，产品中农药、重金属、硝酸盐和亚硝酸盐、有害微生物的残留符合无公害农产品质量标准，技术环节最大限度地控制化肥用量，严禁使用高毒、高残留农药，同时，防止收、储、销过程中的二次污染。

144. 无公害玉米生产对土壤有什么要求？

土壤环境质量应符合 GB 15618—1995 二级标准，以土壤 pH<6.5 为例，镉≤0.60 毫克/千克、汞≤0.50 毫克/千克、砷≤25 毫克/千克、铅≤250 毫克/千克、铬≤150 毫克/千克、锌≤250 毫克/千克、镍≤60 毫克/千克。土壤中没有农药残留，土壤结构良好，耕作层深厚，排灌方便，通气、保肥、保水性良好。

145. 无公害玉米生产对大气环境有什么要求？

大气环境质量应符合环境空气质量标准（GB 3095—2012）一级浓度限值。即二氧化硫浓度限值：年平均浓度 20 微克/米^3，24 小时平均浓度 50 微克/米^3，1 小时平均浓度 150 微克/米^3。氟化物浓度限值：年平均浓度 50 微克/米^3，24 小时平均浓度 100 微克/米^3，1 小时平均浓度 250 微克/米^3。

146. 无公害玉米生产对水资源有什么要求？

水质应符合无公害基地灌溉水质量标准，地表水、地下水水质清洁、无污染，水源丰富，水利设施完备，排灌方便。

147. 无公害玉米栽培有哪些技术措施？

无公害玉米生产除环境条件，如土壤、水质、空气等外，抗病、抗逆、高产、优质新品种选择，农药和肥料的选用等技术措施是生产环节中重要内容。在无公害玉米栽培中，加强科学管理，在苗期及时定苗、查苗和补苗。加强无公害玉米病虫害防治，搭建防虫网，施用有机农药，提高玉米的抗病性能。对玉米种植区的土壤进行微量元素分析，根据结果进行肥料和营养液补充，提高玉米的抗逆性能。

148. 如何选择无公害玉米种子？

种子选择应符合 GB 4404.1—2008 规定，即纯度≥99％、净度≥99％、发芽率≥85％、水分≤13％。因地制宜选用审定推广的优质、抗逆性强、高产的优良玉米品种。水肥条件较好的地区，应选耐肥、抗病的高产杂交种；自然灾害频繁地区，应选耐旱、耐瘠或抗逆性强的杂交种。

149. 无公害玉米可以使用哪些肥料？

有机肥：鸡粪、羊粪、猪粪等。有机生物肥：聚丙烯有机肥、长效有机肥等。化肥：氮肥均选非硝态氮肥，钾肥均选不含氯的钾肥。

四、病虫草害防治

150. 无公害玉米如何防治草害？

化学除草用 20％二甲戊灵悬浮剂兑水 600 千克/公顷，建议用量以 556.9～742.5 克/公顷为宜，可以在玉米播后或苗前 5 天向土壤喷雾，能有效地控制玉米生育期的主要杂草。土壤有机质含量高的地块在较干旱时使用高剂量，反之，使用低剂量，苗带施药按施药面积酌情减量，施药要均匀，做到不重喷，不漏喷，不能使用低容量喷雾器及弥雾机施药。

151. 无公害玉米如何防治病虫害？

花白苗：发现病株可用 0.3％硫酸锌溶液喷洒 1～2 次。黏虫：如平均每株有 1 头黏虫，用氰戊菊酯类乳油兑水喷雾防治，把黏虫消灭在 3 龄之前。玉米螟：7 月中、下旬每公顷释放 22.5 万头（分 2 次、间隔 5～7 天）赤眼蜂，将螟虫消灭在孵化之前。

152. 玉米土传性病害有哪些?

近年来，随着栽培制度的变化，玉米土传病害有逐年加重的趋势。一般年份发病率在 10%～30%，大发生年，某些病害在 60% 以上。因此，土传病害已成为玉米稳产、高产的主要制约因素之一。在我国，玉米土传病害主要有 4 种，即茎腐病、丝黑穗病、纹枯病和全蚀病。防治此类病害，应采用选用抗病品种，辅之以种子包衣等综合防治技术。发现此类病害应及早将病株带出田间并销毁。

153. 玉米苗前和苗后除草剂如何选择?

不同时期除草剂的选择如表所示。

表 2　玉米不同时除草剂选用及使用方法

杂草名称	农药名称	用量与方法
禾本科杂草	90%乙草胺乳油	100～125 毫升/亩，苗前土壤处理
	4%烟嘧磺隆悬浮剂	100～125 克/亩，苗后茎叶处理
阔叶杂草	78%2,4-滴丁酯乳油	50～75 毫升/亩，苗前土壤处理
	75%噻吩磺隆水分散颗粒	2.5～3 克/亩，苗前土壤处理
	10%硝磺草酮悬浮剂	100～120 毫升/亩，苗后茎叶处理
苘麻、苍耳	2%氯氟吡氧乙酸乳油	20～30 毫升/亩，苗后茎叶处理
	10%硝磺草酮悬浮剂	100～120 毫升/亩，苗后茎叶处理
野黍、马唐	4%烟嘧磺隆悬浮剂	125～150 毫升/亩，苗后茎叶处理

154. 玉米发生除草剂药害如何处理?

烟嘧磺隆药害症状表现：大部分品种产生药斑，局部叶片褪绿，不严重的一周可以修复，严重的会变形。缓解方案：尽早喷施缓解药，如芸苔素、细胞分裂素等。

前茬氟磺胺草醚药害症状表现：叶片边缘退绿，逐渐向中间延伸，直至整株枯萎。缓解方案：深翻土壤混土，在3叶1心或表现初期喷施芸苔素＋生根壮苗剂。

2,4-滴丁酯药害症状表现：玉米扭曲变形，严重扭曲的像鞭子一样，导致玉米不能抽雄。缓解方案：及时喷施缓解药，严重时人工辅助，用剪刀把卷曲的叶子顶部剪掉。

异恶草松药害症状表现：植株退绿白化，严重的整株白化，不能进行光合作用。缓解方案：一般情况下都可以自行修复，严重的喷施缓解药。

155. 玉米苗期的主要病害有哪些？如何防治？

玉米苗期病害主要有黄化苗、白化苗、紫化苗等。

（1）黄化苗。

症状：起初幼苗叶色淡绿，然后逐渐变黄，严重时全叶枯死。

防治方法：适时间苗。在玉米4叶时去掉小苗、弱苗、病苗及田间杂草。在玉米间苗后，适时补施氮肥。

（2）白化苗。

症状：叶片上有白色的条纹，严重的全株叶片发白。发生原因是土壤中缺锌。

防治方法：对已出现缺锌的苗，每亩用0.4～0.6克的硫酸锌加水50千克进行喷雾，每隔7天喷1次，只需2～3次即可使苗恢复正常。

（3）紫化苗。

症状：幼苗叶鞘由绿变红，最后变紫，一般在玉米3叶期出现，在4～5叶时表现最明显，严重时茎叶细小，叶片枯死。

防治方法：幼苗出现紫苗时，可以用0.2％的磷酸二氢钾进行叶面喷施 1～2 次，一般隔 7～10 天喷 1 次即可。

156. 玉米苗期的主要虫害有哪些？如何防治？

玉米苗期虫害主要有地老虎、金针虫、黏虫等。

（1）地老虎。

症状：取食植物近土面的嫩茎，使植株枯死，造成缺苗断垄甚至毁苗重播。

防治方法：①撒施毒土。用 50％辛硫磷乳油拌细沙土，在作物根旁开沟撒施药土。②毒饵诱杀幼虫。将鲜嫩青草或菜叶切碎，用 50％辛硫磷 0.1 千克兑水 2.0～2.5 千克喷洒在切好的 100 千克草料上。

（2）金针虫。

症状：取食玉米幼苗须根、主根及茎的地下部分，使幼苗枯死。

防治方法：①苗期可用 40％的毒死蜱乳油 1 500 倍，或 40％的辛硫磷乳油 500 倍与适量炒熟的麦麸或豆饼混合制成毒饵，于傍晚顺垄撒入玉米基部。②通过在种子和肥料中拌杀虫药剂防治。

（3）黏虫。

症状：幼虫咬食玉米叶片，发生重时能将茎叶全部吃光。

防治方法：①用糖醋液、黑光灯或谷草把诱杀成虫；②可用 5％氟虫脲乳油 4 000 倍液喷雾防治；③每亩用 2.5％氯氟氰菊酯乳油 12～20 毫升兑水 30 千克喷雾防治黏虫。

157. 玉米花期的主要病害有哪些？如何防治？

玉米花期病害主要有瘤黑粉病、丝黑穗病和茎腐病等。

（1）瘤黑粉病。

症状：菌瘤外表是一层银白亮膜，有光泽，内部白色，肉质多汁，以后逐渐变成灰白色，后期变成黑灰色，最后破裂，散出大量黑粉。

防治方法：应及早将病瘤摘除，并带出田间销毁，来年种植抗病品种。

（2）丝黑穗病。

症状：受害严重植株苗期可表现各种症状。幼苗分蘖增多呈丛生形，植株明显矮化，节间缩短，叶片颜色暗绿挺直。黑穗病穗除苞叶外，整个果穗变成一个黑粉包；雌穗颖片也可能呈刺猬头状，整个果穗呈畸形。

防治方法：发病后没有有效方法挽救，播种时用2%戊唑醇乳油拌种剂按种子重量的0.02%拌种。

（3）茎腐病。

症状：玉米茎基部皮层呈淡褐色或黑褐色，绕茎基部一圈，有的已失水变缩，且叶片变黄、萎蔫，掰开茎内木质部变褐色。

防治方法：发病后没有有效方法挽救，播种时用生物型种衣剂包衣，可降低部分发病率。施穗肥时增施钾肥也可降低发病率，并可增加植株的抗倒性。

158. 玉米花期的主要虫害有哪些？如何防治？

玉米花期虫害主要有玉米蚜、金龟子等。

（1）玉米蚜。

症状：在玉米苗期群集在心叶内，刺吸为害。随着植株生长集中在新生的叶片为害。孕穗期多密集在剑叶内和叶鞘上为害。

防治方法：用25%噻虫嗪水分散粉剂6 000倍液，或40%乐果乳油、10%吡虫啉可湿性粉剂1 000倍液，或50%抗蚜威可湿性粉剂2 000倍液等喷雾。

（2）金龟子。

症状：成虫食性杂，常群聚在玉米的雌穗上，从穗轴顶端花丝处开始，逐渐钻进苞叶内，取食正在灌浆的籽粒，苞叶短的品种，穗顶端的幼嫩籽粒暴露在外，危害更为严重。

防治方法：用75％辛硫磷乳剂1 000倍液，或48％毒死蜱乳油500～1 000倍液，或10％吡虫淋可湿性粉剂1 500倍液喷雾。用糖醋液、腐烂的西瓜皮等诱杀。

159. 玉米穗期的主要病害有哪些？如何防治？

玉米穗期是多种病害的盛发期，主要有顶腐病、纹枯病、大斑病、小斑病和弯孢菌叶斑病等。

（1）顶腐病。

症状：多数发病植株的上部叶片失绿，有的病株则发生叶片畸形或扭曲，叶片边缘产生黄化条纹或叶尖枯死。重病苗常常枯萎死亡。

防治方法：药剂拌种，常用药剂有75％百菌清可湿性粉剂、50％多菌灵可湿性粉剂、80％代森锰锌可湿性粉剂。

（2）纹枯病。

症状：病斑最初在近地面的叶鞘上出现，初为椭圆形，水渍状，后呈灰绿色或淡褐色逐渐向植株上部扩展，病斑常相互合并为不规则形状，病斑边缘灰褐色，中央灰白色。

防治方法：田间排渍降湿，早期可剥除下部2～3片叶以控制病菌的蔓延；或用5％井冈霉素水剂1 000～1 500倍液、40％菌核净可湿性粉剂800～1 000倍液、50％乙烯菌核利可湿性粉剂1 500倍液对茎基部叶鞘喷雾防治2～3次。

（3）大斑病。

症状：病斑梭形或长梭形，褐色，顶细胞钝圆或长椭圆形，基细胞尖锥形，脐点明显，突出于基细胞外部。

防治方法：在发病早期可采用10％苯醚甲环唑水分散颗粒剂1 000倍液、25％丙环唑乳油2 000倍液、80％代森锰锌可湿性粉剂500倍液或50％多菌灵可湿性粉剂500倍液喷雾。

（4）小斑病。

症状：叶片有不规则椭圆形或近长方形病斑，明显的黄褐色、边缘紫色或深褐色，湿度大时，病斑表面有灰褐色霉状物，后变黄枯死，

防治方法：同大斑病。

（5）弯孢菌叶斑病。

症状：病斑初为水渍状褪绿半透明小点，后扩大为圆形、椭圆形、梭形或长条形病斑，病斑长 2～5 毫米、宽 1～2 毫米。病斑中心灰白色，边缘黄褐色或红褐色，外围有淡黄色晕圈，并具黄褐色相间的断续环纹。

防治方法：同大斑病。

160. 玉米穗期的主要虫害有哪些？如何防治？

玉米穗期是多种虫害的盛发期，主要有玉米螟、红蜘蛛和棉铃虫等。

（1）玉米螟。

症状：玉米螟主要以幼虫蛀茎危害，破坏茎秆组织，影响养分运输，使植株受损，严重时茎秆遇风折断。

防治方法：用 3％辛硫磷粒剂、0.15％氟氯氰菊酯颗粒剂、14％毒死蜱颗粒剂、3％丁硫克百威颗粒剂、3％辛硫磷颗粒剂、Bt 制剂、白僵菌制剂等撒入玉米喇叭口内；于幼虫 3 龄前，叶面喷洒 2.5％氯氟氰菊酯乳油 2 000 倍液、4.5％高效氯氰菊酯乳油 4 000 倍液。

（2）红蜘蛛。

症状：聚集在玉米植株叶背处吸取叶片汁液，从而能够在叶背面和正面都看到针尖大小的红点，且其能够不断移动，最终造成整个叶片不断失绿、变黄、干枯。

防治方法：可选择使用 57％奥美特乳油 1 500～2 000 倍液、甲氰噻螨酮乳油 1 000～1 500 倍液、5％唑螨酯悬浮剂 1 000～

2 000倍液、2％阿维菌素乳油 3 000 倍液、99％矿物油 100～200 倍液和甲氢噻螨酮乳油 1 000～1 500 倍液。

（3）棉铃虫。

症状：玉米雌穗常受棉铃虫幼虫为害。

防治方法：48％毒死蜱乳油 1 500 倍液、75％拉维因可湿性粉剂 3 000 倍液等药剂。在玉米螟、棉铃虫卵期，释放赤眼蜂 2～3 次，每亩释放 1 万～2 万头。利用性诱剂或杀虫灯诱杀成虫。

五、玉米的收获、储藏与加工

161. 玉米机械化收获方式有哪些？

目前玉米机械收获主要有籽粒机收和果穗机收两种。穗茎兼收型收获机，主要在秸秆再利用地区使用。北方春玉米区玉米收获时，籽粒含水量普遍偏高，主要以收获果穗为目标。

162. 收获机机型如何选择？

国内玉米收获机型主要有背负式和自走式，两种机型的主要区别是动力来源不同。背负式需要配套拖拉机，自走式自带动力。背负式价格低廉，可利用现有农机具，投资相对较少，但专业化程度及操控性不如自走式。自走式玉米联合收获机作业效果好、工作效率高、使用保养方便，但用途专一，价格昂贵。

163. 收获机的质量要求有哪些？

玉米种植行距与收获机适应行距偏差≤5％、预收地块倒伏率≤5％、机收籽粒损失率≤2％、破碎率≤1％、果穗损失率≤3％、果穗含杂率≤3％、苞叶剥净率≥85％、茎秆留茬高度≤8 厘米、切碎长度≤10 厘米、切碎合格率≥90％。

164. 机收粒对玉米籽粒含水量有何要求？

要直接收获籽粒，需选用熟期较早的品种或推迟收获期，使籽粒含水量降至 25％以下。北方旱地玉米完熟期籽粒含水量一般在 30％左右，以后每天下降大约 0.3～0.8 个百分点，在潮湿、冷凉天气每天下降可能不足 0.3％，干燥、高温天气每天下降可达 1％。

165. 玉米的储藏特性有哪些？

（1）玉米种胚大，呼吸旺盛，容易引起种子堆发热，导致发热霉变。

（2）玉米胚部水分高，可溶性物质多，营养丰富，易遭虫霉危害。

（3）玉米种胚非常容易酸败，导致种子生活力降低。

（4）玉米水分高于 17％时，易遭受低温冻害。

（5）潮湿的环境下穗轴水分含量大于籽粒，玉米粒从穗轴吸水，使籽粒水分增加；而干燥的环境下穗轴水分则比籽粒少，穗轴向籽粒吸水，籽粒水分含量降低。

166. 玉米籽粒如何降水储藏？

（1）玉米籽粒集中到储藏地后要进行通风晾晒，隔几天翻倒 1 次，防止淋雨受潮或捂堆霉变。

（2）把水分含量高和水分含量低的玉米分开装，不能混装。

（3）增加玉米烘干机械和仓储设施。

167. 玉米籽粒的储藏方式有哪些？

储藏方法有两种，为穗藏法和堆藏法。穗藏法分挂藏和堆藏两种方法。挂藏是将果穗苞叶编成辫，用绳逐个连结起来，挂在避雨通风的地方；堆藏则是在露天地上建成永久性储粮仓，将剥掉苞叶的玉米穗堆在里面越冬，次年再脱粒入仓。粒藏法是籽粒入仓前，把玉米水分降至 14% 以内，空气在籽粒堆内流通性较果穗堆内差。如果仓房密闭性能较好，可以减少外界温、湿度的影响，能使种子在较长时间内保持干燥。

168. 玉米储藏库应具备哪些条件？

玉米的储藏库，除具有一般粮食仓库上不漏、下不潮的要求外，还应具备按需求能密闭通风和隔热防潮的性能。玉米在储藏期间，根据粮堆湿热的情况改变通风状况。不需要通风时，应具有良好的密闭性能，需要通风时，又具有良好的通风性能。仓库还应具有在高温季节能减少大气温度和相对湿度对粮温、水分影响的能力，使玉米在低温干燥的条件下储藏。

169. 玉米储藏期间如何防止霉变？

（1）控制玉米入库质量，籽粒含水量一般应控制在 14% 以内，要安全度夏的玉米水分应比安全水分低 0.5%～1%，一般在高温季节粮温不得高于 25℃。

（2）玉米入库后，大面积的用空气去湿机去湿，小范围用生石灰去湿，要反复进行自然通风和机械通风降温降水，密闭门窗和吊顶，减少辐射热的影响，密闭粮堆。在高温季节用风机将仓顶的余热降低到与气温相近，减少气温对粮温的影响。

170. 玉米储藏期间如何防治虫害？

（1）在入库前彻底清仓消毒，消除杂物、灰尘、异种粮粒的残留，消除残存害虫。检查仓房的干燥程度和气密性，修补仓内所有裂缝与缝隙，杜绝害虫隐藏之处。

（2）严格把好玉米入库关，必须严格控制入库玉米水分在当地储粮安全水分的范围内，控制杂质含量在标准以内。

（3）玉米入库后应防止外来害虫侵染，采用双重防虫法，即仓库门窗均设防虫、防潮隔热门窗，粮堆密闭防虫。

（4）采取防护性熏蒸技术，在3月底4月初，用低剂量药剂熏蒸杀虫，一是杀死仓内粮堆和空间残留的害虫。二是及早防治，当发现粮堆有害虫生长的迹象时，应采用环流熏蒸，彻底杀灭害虫，绝不能拖延到害虫大量出现后再处理。

171. 玉米的加工食品有哪些？

玉米经过初步加工或深加工可以制成多种食品。初加工形式多种多样，例如，磨玉米碴子、玉米面、玉米糊等；甜玉米和糯玉米可以直接煮食，甜玉米和笋玉米可制成罐头，爆裂玉米常用来爆玉米花。深加工产品有淀粉糖类、食用酒精、味精、特用淀粉、玉米胚油、蛋白质等。

172. 玉米加工饲料产品有哪些？

我国以玉米为原料生产的饲料可分为青贮饲料、配合饲料和特用饲料等类型。制作青贮饲料的主要原料是玉米全株，以青贮玉米为主。现在，甜玉米和糯玉米茎秆也越来越多地投入到饲料的生产中，它们比普通玉米有更多的养分，更有益于禽畜生长。玉米经过加工粉碎后，再添加骨粉和其他成分，可制成优质配合饲料。特用饲料包括高油饲料、高赖氨酸饲料、高淀粉饲料和高纤维饲料等，它们特有的营养成分，可提高蛋鸡的下蛋率、奶牛的产奶率和肉用畜禽的长肉率。高纤维饲料主要提高动物对饲料的消化率，并提高对疾病的抵抗力。

173. 玉米加工工业原料产品有哪些？

玉米淀粉应用最多的是酒精生产。酒精是一种优质燃料，还是一种优质的化工原料，它可以制乙酸、乙胺、乙醛等化学制剂，它本身还是优质的有机溶剂，可以做浸出剂、洗涤剂和防冻剂等。麦芽糖可作为医药业的注射液，山梨醇是合成维生素的起始原料。麦芽糊精具有黏性，在农药中可增加黏稠度，在造纸工业中做黏合剂，在医药中做可溶性包衣，在化妆品中也有应用。直链淀粉可以应用于制造高性能吸水纸、降解塑料、一次性纸巾等，支链淀粉在造纸工业中做胶黏剂，使纸浆均匀平整。变性淀粉可应用于造纸、纺织等行业。

174. 玉米深加工存在哪些问题？

（1）玉米深加工品种少，结构不合理。食品的初加工占65％，工业原料的初加工占20％，深加工只占15％。

（2）中国玉米加工业发展比较缓慢，大型企业少，中小企业的加工能力较差，玉米产品种类少，难以实现规模效益和提升产品档次。

（3）加工设备的国产化水平普遍较低。玉米深加工技术落后，加工成本高，无论质量还是数量都无法与发达国家相比，不能满足国内外市场的需求。科技开发投资少、技术水平低、开发能力有限，形成新产品种类少。

（4）大多数玉米加工企业目前仍沿用传统生产技术，深加工产业仍停留在初级产品加工层面，玉米加工产业链条短，产品附加值较低。

第三部分　大豆及杂豆种植

一、品种选择

175. 豆类都包括哪些?

豆类的品种很多,主要有大豆、蚕豆、绿豆、豌豆、赤豆、黑豆、芸豆等。根据豆类的营养素种类和数量可将它们分为两大类。一类以黄豆为代表的高蛋白质、高脂肪豆类;另一类则以碳水化合物含量高为特征的豆类,如绿豆、赤豆。鲜豆及豆制品,不但可做菜肴,而且还可以作为调味品的原料。

176. 东北地区大豆品种选择的总体原则是什么?

选择品种时必须遵循的原则:通过国家有关部门审定,具有一定的推广面积,且适合当地种植。

根据当地的生育日数及生态类型,选择品质优良、高产、抗逆性、稳产性强的品种,其中抗逆性、稳产性强非常重要。大豆对光温反映比较敏感,生态类型复杂,一般适应区较小,所以不能越区种植。

177. 目前东北地区优良大豆品种有哪些?

辽宁省地处东北春大豆亚区,种植区域分布在铁岭、大连、阜新等地,品种主要有辽豆 15、辽豆 32、辽豆 36、辽豆 48、铁豆 31、铁豆 49、铁豆 53、铁豆 67、沈农豆 12、丹豆 16、丹豆 18。

吉林省是我国大豆的传统产区之一，品种主要有九农 26、吉育 506、吉农 28、吉农 48、吉育 406、吉育 86、吉农 43、吉育 71、吉农 41、长密豆 30、吉大豆 3 号、吉育 47、吉育 303 等。

黑龙江省是我国重要的大豆主产区，该省的齐齐哈尔地区、北部的黑河地区、南部的哈尔滨地区、东部的佳木斯地区、中部的绥化地区是大豆产量最大的 5 个区域。由于黑龙江省地形复杂、积温差异较大。按积温带划分，第一积温带适种品种有东农 55（高蛋白品种）、黑农 52、黑农 51、东农 42（高蛋白品种）、东农豆 252（豆浆豆）等。第二积温带适种品种有黑农 48（高蛋白品种）、东农 48（高蛋白品种）、绥农 36（高油）、绥农 35（高油）、合丰 55（高油）、合丰 50（高油）等。第三积温带适种品种有东生 1 号、东农 60（高蛋白小粒豆品种）、绥农 38（高油）、黑河 48、北豆 40（高油）、东生 7（高油）、绥农 44 等。第四积温带适种品种有黑河 43、克山 1 号（高油）、金源 55（高蛋白品种）、黑河 52 等。第五积温带适种品种有圣豆 43（高蛋白品种）、昊疆 2 号、（高蛋白品种）、华疆 4 号（高油）、北豆 42、黑河 45 等。第六积温带适种品种有华疆 2 号、圣豆 44（高蛋白品种）、北豆 36、北豆 43、黑河 35 等。

178. 购买大豆种子需要注意哪些问题？

到正规的种子售种部门购买，并注意索取和保存购种发票。仔细咨询了解品种的特征特性、栽培要点、适宜种植范围，做到心中有数。鉴别种子质量，首先是种子的脐色、粒型要一致；其次种皮色泽鲜亮（种皮色如为深红色，便失去发芽能力），碎粒、霉粒很少，发芽率≥85％。播种前，对大豆种子的净度和发芽率进行检测，种子纯度检测需根据品种特征特性（例如，花色、株高、结荚习性、熟期等）的一致性进行判断。

179. 农民可以自留大豆种吗？

大豆是自花授粉作物，可自留种，但是也不能多年自留种，这会使品种老化、混杂、种性退化、抗逆性减退、减产。应定期更新，保证种子质量。自留种时应注意提纯复壮，在自留地块去杂去劣，选择纯度高、健壮整齐植株留种。留种时应注意单独收获、脱粒和存放，避免品种混杂退化。

180. 播前如何进行种子处理？

温度低或遇干旱时，种子在土壤中萌发时间过长，易遭受病虫害。因此，对大豆种子进行药剂拌种或包衣处理显得十分重要。可用大豆种衣剂按药种比1∶（75～100）防治。防治大豆根腐病可用种子量0.5%的50%多福合剂或种子量0.3%的50%多菌灵可湿性粉剂拌种。虫害严重的地块要选用既含杀菌剂又含杀虫剂的包衣种子，未经包衣种子，需用35%甲基硫环磷乳油拌种，以防治地下害虫。拌种剂中可添加钼酸铵，以提高大豆出苗率和固氮能力。

181. 杂豆品种有哪些？

杂豆品种繁多，一般引种原则是"南往北移延长青，北往南飞显年轻"。绿豆优质品种有小粒早熟的绿丰2号、白绿11号等；中熟品种有嫩绿2号、白绿9号、吉绿7号、冀绿7号等；晚熟品种有绿丰5号、嫩绿1号等。赤豆优质品种有早熟的珍珠红；中熟品种有宝清红、龙小豆3号、龙小豆4号、龙小豆5号、白红9号、吉红10号；晚熟品种有冀红352、小丰2号、天津红等。芸豆品种有品芸二号、龙芸豆4号、龙芸豆5号、龙芸豆6号、龙芸豆7号、龙芸豆8号、龙芸豆9号、龙芸豆10号、龙芸豆11号、龙芸豆12号、龙芸豆13号、龙芸豆14号、龙芸豆15号、龙芸豆16号、日本白等。

182. 如何选择杂豆品种？

选种四看：一看市场行情，二看个人需求，三看有效积温，四看特征产量。

（1）市场行情。杂豆的市场价格跳动范围较大。故其选择杂豆品种时，需要根据市场价格的多少来确定所选择种植的杂豆品种。一般在一定区域内有单一豆种的收购点。

（2）个人需求。以种植户的个人意愿为主要种植要求，考虑到个人的要求、经济能力等多项原因。

（3）有效积温。注意以上几点后，就要看品种的有效积温。"别看天数，看积温"，再好的品种，积温满贯、超贯也不能冒险种植。

（4）特征产量。即市场好、积温还够。多个品种选择就需要考虑品种的特征特性及产量了。特征特性决定了品种是否利于机械化收获，这决定了是否能省掉人工费用。产量高低决定了收益多少，当然高者是最爱。

183. 购买杂豆品种时注意些什么？

购买四看：一看销售资质，二看包装信息，三看品种出处，四看品种质量。

（1）销售资质。购买品种时要看商家是否具有销售种子的资质，一定要到有资质的商店购买。

（2）包装信息。看包装上的信息是否齐全，认定编号、名称、育成单位、积温、产量、注意事项等信息查看清楚。

（3）品种出处。看包装上的品种是否是认定的育成种子或农家种。杂豆的育成品种一般为×绿×（号）、×红×（号）、×芸×（号）等，如嫩绿1号、龙小豆3号、品芸2号；农家种名称一般为×绿豆、×红、×芸豆等，如小明绿、宝清红、英国红芸豆等。

（4）品种质量。包装内的种子应均匀一致，无变色霉粒，杂质率不应超过 2％。购买后应索要正规发票或三联单。购买后及时做芽率自测，确保种子发芽在 85％以上。

二、高产栽培技术

184. 我国的大豆种植分为哪几个区？

我国大豆种植分为北方春大豆区、黄淮海流域夏大豆区、长江流域春夏大豆区、东南春夏秋大豆区和华南四季大豆区 5 个种植区。其中，北方春大豆区包括黑龙江省、吉林省、辽宁省、内蒙古自治区、宁夏回族自治区、新疆维吾尔自治区等省（自治区）及河北、山西、陕西、甘肃等省份北部。东北春大豆亚区包括黑龙江省、吉林省、辽宁省、内蒙古自治区东部，是国内重要的内、外销生产基地。

185. 大豆对生长环境的要求有哪些？

（1）温度要求。大豆是喜温作物，生育期内一般需要 2 400～3 800℃的活动积温。同一品种随着播种期的延迟所需要的活动积温也随之减少。大豆不耐高温，温度超过 40℃时，结荚率会大幅减少。北方春播大豆苗期易受低温危害，大豆花期抗寒能力最弱。

（2）光照要求。大豆是短光照作物，对光照长短敏感。日照时间缩短，大豆会提前开花和成熟；日照加长会延迟甚至阻止部分品种的生长发育。大豆生长发育需要充足阳光，植株过密会造成花荚脱落和倒伏。

（3）水分要求。大豆喜水，但不同生育期需水量差异很大。发芽期要求水分充足，有利于种子萌发；幼苗期比较耐旱，此时土壤水分少一些有利于根系深扎；开花期植株生长旺盛，水量需求大；结荚鼓粒期要求充足水分，缺水会造成幼荚脱落或者导致荚粒干瘪。

（4）大豆对土壤的要求。中性土壤，pH 在 6.5～7.5。pH 低于 6 的酸性土壤不利于根瘤菌的繁殖发育。pH 高于 7.5 的往往缺铁、锰。大豆不耐盐碱，总盐量小于 0.18%，氯化钠小于 0.03%，植株生育正常，总盐量大于 0.6%，氯化钠大于 0.06%，植株会死亡。土壤 pH 在 6.8～7.8 为最佳，微碱土壤可促进土壤中根瘤菌的活动，有利于大豆的生长发育。

186. 大豆重、迎茬的危害有哪些？

大豆重、迎茬耕种常会导致产量下降、病虫加重、品质变劣等问题。大豆重、迎茬种植会使以大豆为寄主传染性细菌斑点病、菌核病等有了继续发病的环境条件，因而病害会越来越重。在大豆根系和微生物生命活动过程中会不断地分泌出一种抑制素，并直接渗透到下茬大豆植株体内，这种根系分泌物过多积累不仅会对大豆造成直接毒害，而且会破坏大豆根际微生物区系的平衡，导致土壤中毒，影响大豆根瘤菌的活性，造成减产。大豆重、迎茬种植会使土壤中磷、钾元素过度消耗，锌、硼等微量元素减少，影响大豆的生长发育，造成减产。重、迎茬种植会导致土壤容重增大，透气性降低，不利于根系下扎。此外，重、迎茬种植会使大豆根瘤菌数减少，重茬根瘤菌数大约减少 40%，迎茬根瘤菌数大约减少 20%。

187. 播期的重要性及如何确定播期？

大豆播种过早、过晚对大豆生长发育均不利。适时播种对保苗、壮苗非常重要。在北方地区，晚熟品种易遭早霜危害，造成大豆贪青、晚熟、减产；如果大豆播种过早，因土壤温度低，发芽迟缓，易发生烂种现象。

一般认为，北方春播大豆区，土壤 5～10 厘米深土层内，日平均地温 8～10℃，土壤含水量为 20％左右时，播种较为适宜。东北地区大豆适宜播种期在 4 月下旬至 5 月中旬，北部在 5 月上、中旬，中部在 4 月下旬至 5 月中旬，南部在 4 月下旬至 5 月中旬。

188. 大豆高产栽培的耕作措施有哪些？

大豆种植应坚持合理轮作，减少重、迎茬面积。同时，应尽量做到秸秆还田培肥地力。整地以深松为原则，东北大豆主产区采用深松旋耕机进行深松耙茬，增强土壤通透性与抗旱耐涝能力。使用机械化精量播种：东北地区利用大豆播种机进行等距精量点播，使植株分布均匀，播种深度 3～5 厘米。垄作大豆采取窄行密植技术，一般 60 厘米小垄种 2 行，90～105 厘米大垄种 4 行，小行距 12 厘米左右，亩密度加大到 2.5 万～3 万株，可增产 15％～20％。东北南部地区（辽宁），一般垄距 50～55 厘米，株距 10 厘米左右，垄上单行种植，亩密度 1.1 万～1.5 万株。配合测土配方科学施肥以及科学田间管理，保证大豆高产。

189. 大豆出现除草剂药害后如何补救？

针对光合作用抑制剂和某些触杀型除草剂的药害，可施用速效肥，促进大豆恢复生长。常用补救措施如下：

（1）当植株出现黄化、药害等症状时，适当增施肥料，如喷施叶面肥，以增强大豆生长活力，促进早发。

（2）喷施植物生长调节剂对于缓解药害有一定作用。

（3）加强田间中后期管理等措施来促使受害植株及早恢复生长，正常成熟。

土壤处理剂药害可通过耕翻处理，尽量减少残留。

190. 中耕的作用有哪些？

（1）提高土壤通气性。中耕松土后，能使更多的氧进入土层，使二氧化碳从土层中排出，旺盛农作物的呼吸作用，从而促进植株生长。

（2）增加土壤有效养分含量。中耕松土后，土壤微生物因氧气充足而活动旺盛，大量分解和释放土壤潜在养分，提高土壤养分利用率。

（3）调节土壤水分含量。干旱时中耕，能切断土壤表层的毛细管，减少土壤水分向土表运送，减少蒸发，提高土壤抗旱能力。

（4）提高土壤温度。中耕松土后，土壤疏松，受光面积增大，吸收太阳辐射能力增强，散热能力减弱，并能使热量快速向土壤深层传导，提高土壤温度。尤其对黏重紧实的土壤进行中耕，效果更为明显。

（5）抑制植株徒长。深中耕可切断正处于生长旺盛期植株的部分根系，控制养分吸收，抑制徒长。

（6）混合土肥。中耕松土可使追施在地表的肥料搅拌入土层，达到土肥混合的目的。

191. 如何预防大豆倒伏？

（1）根据种植品种特性和当地环境条件，确定合理的种植密度和种植方式，肥力好的地块密度不宜过大。

（2）合理施肥，氮、磷、钾比例协调，切忌氮肥过量。

（3）适时中耕促进大豆根系发育，增强大豆抗倒能力。

（4）根据大豆长势、天气情况等适时施用植物生长调节剂。以达到降低株高，增加茎粗，增强大豆抗倒伏能力的目的。

192. 如何解决大豆落花落荚？

（1）选用多花多荚良种。

（2）精整地，保全苗，深中耕，育壮苗。

（3）合理密植，多施有机底肥，始花期追施碱解氮肥、有效磷肥。

（4）结荚鼓粒期调解好土壤水分，旱灌、涝排。

（5）与矮秆作物间作，改善群体通风透光条件，调节小气候，达到增花增荚的效果。

（6）生长过旺田块施用生长调节剂，抑制营养生长，促进开花、结荚。

（7）及时防治病虫、自然灾害。

193. 大豆秕粒的原因及如何防治？

大豆秕粒不仅降低产量，还影响大豆品质。大豆秕粒产生的原因：一是大豆结荚鼓粒阶段叶片功能早衰，各种有机物质供应不足；二是由于缺乏水分，造成营养物质运输受阻。防止秕粒产生要认真进行田间管理和病虫害防治工作，并根据气象条件和土壤水分状况，掌握好灌、排水时机。

194. "三秋"整地有什么好处？

"三秋"整地，即秋翻地、秋施肥、秋起垄。秋翻地起垄能够蓄积秋雨，减少地表径流，做到春旱秋防。春季不动土，还可以减少土壤水分蒸发，有利于一次性播种保苗，熟化土壤。通过秋翻能有效地消灭一部分杂草，还能对尚未做好越冬准备的病虫病菌起到杀灭作用，降低越冬基数。结合深翻、秋施肥有利于肥料深施，提高肥料利用率。

195. 大豆生产机械化发展趋势如何？

大豆的机械化种植是农业机械化的发展趋势，从种到收，包括良种加工、土地整备、播种、田间管理、收获、产后加工等环节。目前，在大豆生产全过程中，机械整地、机械精密播种、机械深施肥、机械中耕除草和机械喷雾等机械化节本增效技术已经大面积使用，基本上实现了机械化。但目前的大豆收获机械化技术水平还不能满足大豆机械化生产的需要，机械化收获还处于较低水平，收获机械化程度仅为 53.9%。不难看出，机械收获是大豆提质增效综合机械化技术的关键一环，也是大豆生产全程机械化作业中最薄弱的环节。

随着科技地进步和人们生活需求水平的不断提高，大豆生产的集约化、机械化，高产、高效是今后大豆种植的必然发展方向。表现在三方面：一是机械大、中、小相结合，能增加机械功能，提高机械工作效率；二是大豆生产逐渐向自动化、精准化、智能化、信息化方向发展；三是大豆生产逐渐追求环境友好型、节本增效型生产。

196. 什么是大豆"垄三"栽培？

大豆"垄三"栽培技术就是在垄作基础上，采用垄底深松播种、垄体分层施肥、垄上双条精量点播三项技术的栽培措施。

（1）深松可以打破犁底层，加深耕作层，改善耕层结构，有利于大豆根系的生长发育和根瘤的形成。深松创造一种虚实并存的土壤结构，增强土壤蓄水保墒和防旱抗涝的能力。深松还可以起到防寒增温，疏松土壤，促进大豆早生快发的作用。

（2）化肥深施克服了种肥同位烧种、烧苗现象，同时可以减少化肥的挥发和流失，提高化肥利用率。

（3）实行精量播种能在合理密植的基础上，做到植株分布均匀，解决以往大豆生产上存在的稀厚不匀、缺苗断空问题，改善大豆植株生育环境，使群体结构进一步趋于合理化，较好地协调光、热、水、肥条件。

197. 分层施肥技术要点是什么？

种肥施肥深度为种下 5～6 厘米处，肥量占施肥总量 30%～40%；底肥施肥深度为种下 10～16 厘米处，肥量为施肥总量的60%～70%。

除此之外，还要根据大豆的需肥特点，做到配方施肥或平衡施肥，农肥和化肥相配合，种肥、底肥和根外追肥相结合。建议进行测土配方施肥，科学搭配氮、磷、钾肥。

198. 机械精量播种技术要点有哪些？

双行等距精量播种，双行间小行距 10～12 厘米；采用穴播机在垄上进行等距穴播，穴距 18～20 厘米，每穴 3～4 株。辽宁地区多采用垄上单行种植。

在播种前要做好种子处理。种子要精选，并药剂拌种，还要根据土壤化验结果，本着缺啥补啥的原则，因地制宜地进行微肥拌种。

199. 合理密植的原则有哪些？

一般来讲，肥地宜稀，瘦地宜密；晚熟品种宜稀，早熟品种宜密；气温高地区宜稀，气温低地区宜密；宽行距宜稀，窄行距宜密；植株高大，分枝较多，株型开展，大叶型品种，种植密度宜稀；植株矮小，繁茂性差的品种，或植株虽高，但分枝少，株型收敛的品种，种植密度宜大。

以上是大豆合理密植的一般原则。由于各地的气候、土壤条件不同，栽培制度各异，管理水平和种植的品种不一，种植密度也不同。种植者要根据生产实际情况参考应用。

200. 什么是大豆窄行密植栽培？

大豆窄行密植栽培技术是结合黑龙江省的自然特点和生产条件探索出来的高产栽培技术。其技术要点是通过缩小行距，扩大株距，在适当增加密度的基础上使植株分布更均匀合理。窄行密植栽培技术可以改善大豆群体结构，合理利用发育空间，增加绿色面积，改善受光条件，特别是改善中、下层受光条件，提高水、肥、光、热资源的利用率。大豆窄行密植栽培技术又分为平作窄行密植、大垄窄行密植、小垄窄行密植等不同栽培模式。

201. 大豆"原垄卡种"栽培技术要点有哪些？

"原垄卡种"技术是一种省工节本技术。一般前茬为玉米茬。玉米原垄卡种大豆，是在充分保持玉米原有垄形的基础上，有效利用玉米的残肥，降低整地机械费，节省肥料投入，有利于保墒增温，减少地表风蚀的高产栽培技术措施。准备原垄卡种的玉米茬，要在玉米收获后，搞好田间清理；然后在结冻后下雪前，用钢轨耢子耢垄除茬；春播前再耢一次，耢后随即播种。另外，对紧实的土壤，还可以在玉米收获后结冻前进行垄体深松，深松深度在15厘米左右。深松同时进行垄上除茬，然后垄体整形扶垄，做好镇压，为卡种标准化打好基础。

202. 杂豆种植地块如何选择？

杂豆对种植地块的土壤要求不严格，一般地块都可以种植，但应该避免选择过碱性土壤和低洼易涝的地块。以有灌溉条件的沙壤土为宜，沙土、山坡薄地、黑土、黏土均可生长。不宜高肥水，高水肥条件易使植株徒长，使花荚数量减少，生产投入加大了，但产量增幅小了，效益自然就不好。

应避免重茬或迎茬种植，适宜与玉米、高粱、谷子等禾谷类作物轮作，避免与其他豆类作物倒茬，以免影响产量。询问并注意前茬除草剂使用品种及剂量，防止出现残留药害。

203. 杂豆田间管理应注意哪些问题？

（1）查田补种。出苗（绿豆播后7～10天，芸豆5～7天，小豆10～15天）及时查田补种；少量缺苗可采用单体播种器进行人工补种，如果量过大，补种早熟豆类如早熟芸豆等。

（2）定苗。第一对复叶展开时进行定苗，一般垄作种植行距55～65厘米，株距10～15厘米，早熟品种适宜每亩保苗13 000

株，即每米间保苗 15 株；中熟品种适宜每亩保苗 11 000 株，即
每米间保苗 10 株；晚熟品种适宜每亩保苗 9 400 株，即每米间
保苗 8 株。

（3）中耕管理。苗出齐后 7～10 天，趟头遍地，要求趟深
10～12 厘米，做到不压苗。一般在开花结荚前进行"浅、深、
浅"（15 厘米、20 厘米、15 厘米）的三铲三趟。在第一片复叶
展开时进行第一次中耕；第二片复叶展开（隔 10～15 天）后进
行第二次中耕；在封垄前进行第三次中耕，深度 10 厘米，结合
此次中耕进行培土及追肥，并防止秋涝。如在开花初期遇低温、
多雨等自然灾害可喷施叶面肥进行防治和补救。

204. 杂豆施肥和用药时应注意什么？

绿豆播种亩施磷酸二铵 10～16 千克、尿素 4～7 千克、硫酸
钾肥 4～7 千克，追肥亩施硝酸铵 6～10 千克、尿素 3～5 千克，
硫酸钾 3.5～4.5 千克；赤豆播种亩施磷酸二铵 10～16 千克、尿
素 4～7 千克、硫酸钾肥 4～7 千克，追肥亩施硝酸铵 8～12.5 千
克、尿素 4～7 千克，硫酸钾 3.5～7 千克。

绿豆、赤豆一般在初花期、结荚期亩喷施叶面肥 2～3 次
0.4% 的磷酸二氢钾液（亩用量 100～150 克）或多元微肥水溶液
33～67 千克。

绿豆、赤豆应于长势旺盛地块初花期化控处理，喷施植物生
长调节剂，如多效唑、三碘苯甲酸等。封闭除草：播种后到出苗
前，即一般播种后 2～3 天，进行土壤封闭除草。可选择的除草
剂主要有 72% 异丙甲草胺乳油（亩用量 100～150 毫升）、25%
氟磺胺草醚水剂（亩用量 60～130 毫升）、75% 噻吩磺隆干悬剂
（亩用量 1.67～2.7 克）等。苗后除草：在禾本科杂草 3～4 叶期
前进行苗后茎叶除草，视杂草种类，选择低残留且对下茬安全的
除草剂。防除禾本科杂草宜选精喹禾灵、烯草酮、高效氟吡甲
禾、烯禾啶等除草剂；防除阔叶杂草宜选用氟磺胺草醚、灭草松

等进行苗后茎叶喷雾处理。

芸豆施肥量应根据土壤肥力，进行测土配方施肥。一般肥力地块，施入纯氮 20～30 千克/公顷，五氧化二磷 50～75 千克/公顷，氧化钾 20～30 千克/公顷。施肥时注意种、肥分开，防止烧种。苗前除草：可用悬挂式喷雾机或小型农用机械进行封闭除草，常用的苗前药剂有 72%异丙甲草胺（1 500～2 000 毫升/公顷），75%噻吩磺隆（37.5～45 克/公顷）。苗后除草：25%氟磺胺草醚水剂用量 1 000～1 400 毫升/公顷（防阔叶杂草）；12.5%稀禾啶防治一年生禾本科杂草，2～3 叶期 1 000 毫升/公顷，4～5 叶期 1 500 毫升/公顷。

三、病虫害防治

205. 如何解决大豆重、迎茬问题？

轮作倒茬是解决大豆重、迎茬最有效的措施，它能有效减轻大豆病虫害发生程度，并充分发挥大豆肥茬优势。大豆对前茬要求不严，凡有耕翻基础的禾谷类作物，如小麦、玉米以及亚麻等经济作物均为大豆的适宜前作。可采取"大豆—玉米—小麦"、"大豆—小麦（亚麻）—玉米"或"大豆—小麦—小麦"等轮作方式种植。

其他措施：

（1）选用抗病或耐病品种是减轻重、迎茬对大豆产量与品质影响的有效措施；另外，还应做好不同品种合理搭配，轮换种植以减轻重、迎茬危害。

（2）在土壤耕作上，要坚持以深松为主的松、翻、耙、旋结合的土壤耕作制度。

（3）增施有机农肥不仅可以平衡供给大豆营养，而且可以改善重、迎茬造成的不良土壤环境，是减少产量损失的有效措施。

（4）适当增加播种密度，重、迎茬地块较正茬地块增加8%～10%播种量，以减轻重、迎茬所造成的缺苗损失。

（5）加强田间管理，防治病虫草害。

206. 大豆根腐病发生规律是什么？如何防治？

大豆播种过早或过深，会因地温低而造成幼苗出土缓慢而引发大豆根腐病。土壤黏重，排水不良，重茬及耕作粗放也会引发大豆根腐病发生。

防治方法：

（1）对种子进行药剂拌种或包衣处理。

（2）适时早播，控制好播种深度，合理轮作。

（3）发病初期喷施75%百菌清可湿性粉剂600～700倍液或20%甲基立枯磷乳油1 100～1 200倍液，隔7天喷1次，连续1～2次。

207. 大豆造桥虫的危害有哪些？如何防治？

大豆造桥虫以幼虫危害大豆。低龄幼虫只啃食叶肉，常将叶片吃成连排孔洞，长大以后甚至会将叶片咬食得只剩下少数叶脉，造成落花、落荚、豆粒不饱满。

防治大豆造桥虫应在造桥虫低龄幼虫期喷药。可选用40%乐果乳油800倍液、90%晶体敌百虫1 000倍液或2.5%溴氰菊酯乳油2 000倍液喷雾防治，也可以用每克含100亿孢子的青虫菌或杀螟杆菌1 000～1 500倍液喷雾防治。

208. 大豆蚜虫的危害有哪些？如何防治？

大豆蚜以成虫和若虫集中在豆株的顶叶、嫩叶、嫩茎上刺吸汁液，被害处会形成枯黄色斑，严重时叶片卷缩、脱落，植株矮小，分枝、结荚数减少。另外，大豆蚜还能传播病毒。

防治方法：当有蚜株率超过50%，或田间有5%～10%的植株卷叶时，可选用 10％吡虫啉可湿性粉剂 800～1 000 倍液、2.5％溴氰菊酯乳油 2 000～4 000 倍液，或 50％抗蚜威可湿性粉剂 2 000 倍液喷雾防治。间隔 7～10 天后再喷 1 次，基本就可控制大豆蚜的危害。

209. 大豆灰斑病发生规律是什么？如何防治？

大豆灰斑病又称斑点病，一般在 6 月上、中旬叶上开始发病，7 月中旬进入发病盛期。豆荚从嫩荚期开始发病，鼓粒期为发病盛期，7～8 月遇高温多雨年份发病重。主要危害叶片，严重发病时几乎所有叶片长满病斑，造成叶片过早脱落，受害减产可达 20％～30％，品质降低。

药剂防治：除在播种时用 70％敌磺钠可湿性粉剂或 50％福美双可湿性粉剂按种子量的 0.3％拌种，另外可在大豆花荚期，每公顷用 40％多菌灵胶悬剂 1.5 千克，兑水 450 千克喷雾。

210. 大豆菌核病发生规律是什么？如何防治？

菌核疫菌一般在炎热、潮湿的气候条件下，土壤湿度大，作物遮阳，促进病害发生。通气良好的沙土或沙壤土上发病最常见。

防治方法：

（1）精选种子，清除混杂在种子间的菌核。

（2）发病严重的地块，实行秋季深翻，将落入田间的菌核埋入土壤深层，促进病株残体腐烂。

（3）与非寄生作物如禾本科作物轮作三年以上，尽量不与向日葵、油菜等十字花科蔬菜以及菜豆、绿豆、花生、胡萝卜连作。

（4）选择优良、早熟、抗病的品种。

（5）于发病初期及时叶面喷药。可用药剂包括 50％腐霉利可湿剂 1 000 倍液，40％菌核净可湿性粉剂 1 000 倍液，50％甲基硫菌灵可湿性粉剂 500 倍液，隔 7 天再补喷 1 次。

211. 大豆食心虫的危害有哪些？如何防治？

大豆食心虫以幼虫食害豆粒，多从豆荚边缘合缝处蛀入豆荚内，将豆粒咬成沟道或残破状，严重影响大豆产量和品质。大豆食心虫一年仅发生一代，大豆食心虫喜中温高湿，高温干燥和低温多雨，均不利于成虫产卵，冬季低温会造成大量死亡。

防治方法：防治大豆食心虫应掌握在成虫产卵盛期（一般在8 月上旬）进行。可选用 80％敌敌畏乳油 800 倍液、2.5％溴氰菊酯乳油 2 000 倍液，或 4.5％高效氯氰菊酯乳油 150～200 倍液喷雾，连喷 1～2 次就可收到良好的防治效果。在辽宁，推行以1.5～2.0 厘米长的粉笔段为载体，用量为每亩 1 盒；采用 80％敌敌畏乳油 200 毫升每亩原液浸泡粉笔段 1～2 小时后，均匀撒入大豆田中，防治效果较好。

212. 杂豆病虫害有哪些？如何防治？

（1）根腐病。发病初期喷洒 50％多菌灵可湿性粉剂 600 倍液、70％甲基硫菌灵 600 倍液、75％百菌清可湿性粉剂 500～800 倍液或 75％代森锰锌可湿性粉剂 600 倍液，隔 7～10 天 1 次，连续防治 2～3 次。可以选用以上药剂的复配剂防除田间杂草。

（2）叶斑病。发病初期喷洒 50％多菌灵可湿性粉剂 1 000～1 200 倍液、75％百菌清可湿性粉剂 500～800 倍液或 70％甲基硫菌灵可湿性粉剂 1 000 倍液，隔 7～10 天 1 次，连续防治 2～3 次。

（3）细菌性晕疫病。12％松脂酸铜乳油 500 倍液、77％氢氧化铜可湿性微粒粉剂 500～600 倍液、50％琥胶肥酸铜可湿性粉剂 500 倍液、72％农用链霉素可溶性粉剂 4 000 倍液，隔 7～10天 1 次，连续防治 2～3 次。

（4）锈病。农业防治：施足基肥，增施磷、钾肥，切忌氮肥施用偏多、偏晚；开花结荚期用 300～500 克磷酸二氢钾兑水 50

千克叶面喷施，可以防止叶片早衰减轻锈病危害。药剂防治：在发病初期打 1 次药，隔 7～8 天再打 1 次，连续 2～3 次，可以选用 50％百菌清可湿性粉剂 500 倍、65％代森锌可湿性粉剂 400 倍喷雾防治；发生较重时选用 25％三唑酮可湿性粉剂、25％苯醚甲环唑可分散水剂、25％戊唑醇乳油、25％咪鲜胺乳油。

（5）炭疽病。与非豆科作物实行两年以上的轮作；选地排水良好，偏沙性土壤栽培种植。发病初期可用 25％咪鲜胺乳油 1 000 倍液、80％福·福锌可湿性粉剂 800 倍液、75％百菌清可湿性粉剂 600 倍液进行药剂防治。

（6）菌核病。从无病株上留种；实行轮作，秋整地前清除病株残体，结合整地进行深翻，将菌核埋入土壤深层；药剂防治，发病初期及时用药，可用 40％菌核净可湿性粉剂 1 000 倍液或 50％多菌灵可湿性粉剂 800 倍液喷雾，每隔 10 天喷 1 次，共喷药 2～3 次。

（7）双斑萤叶甲。1.8％阿维菌素乳油 1 000～1 500 倍液、10％吡虫啉可湿性粉剂 1 500 倍液、4.5％高效氯氰菊酯乳油 1 000 倍液、20％甲氰菊酯乳油或 20％氰戊菊酯乳油 2 000 倍液喷雾。

（8）蚜虫。10％吡虫啉可湿性粉剂 2 500 倍液、4.5％高效氯氰菊酯乳油 2 500 倍液、50％抗蚜威可湿性粉剂 2 000 倍液、40％乐果乳剂 1 000 倍液、20％丁硫克百威 1 500 倍液喷雾防治。

（9）蛴螬、地老虎。地下害虫主要危害芸豆幼苗根茎，多为夜间活动。采用药剂拌种防治效果较好，用 50％的辛硫磷 0.5 千克兑水 20 千克，喷洒在 200 千克种子上搅拌均匀，闷种 4 小时，阴干后即可播种。

（10）红蜘蛛（红叶螨）。红蜘蛛是危害芸豆的主要虫害之一。幼螨、成螨均在叶背面，被害叶片初现黄白斑，渐变红色，终至脱落。用 2.5％高效氯氟氰菊酯药剂 300 毫升/公顷，兑水 600 千克喷雾防治。

（11）草地螟。一般年份不发生，草地螟用触杀、胃毒等药剂皆可奏效，关键是要早期注意观察，早期防治效果较好。

213. 混用农药有哪些原则？

（1）混用农药有效成分之间不能发生化学反应。
（2）不能破坏混用农药的药理性能。
（3）确保混用农药不产生药害等副作用。
（4）保证混用农药施用的安全性。
（5）要明确混用农药的使用范围。

214. 哪些农药不能混用？

（1）混用后产生药害的农药不能混用。
（2）混用后物理性状改变的农药不能混用。
（3）微生物源杀虫剂、内吸性有机磷杀虫剂与杀菌剂不能混用。
（4）具有交互抗性的农药不宜混用。
（5）酸性农药与碱性农药不能混用。
（6）杀虫剂、杀菌剂与除草剂最好不要混用。

215. 农药中毒的解救措施有哪些？

农药中毒的解救包括现场急救和医院抢救，现场急救是首要的，医院抢救是后续的。

（1）现场急救。要根据农药品种、中毒方式及中毒者当时的病情采取不同的急救措施。

①经由皮肤引起的中毒者应去除污染源。先脱去衣服，除敌百虫外（因敌百虫遇碱性物质会变成更毒的敌敌畏），立即用5％碳酸氢钠溶液或肥皂水、温清水、清水洗消；眼污染用2％碳酸氢钠溶液或温清水、清水彻底冲洗。去除农药污染源，防止农药继续进入患者身体是现场急救的重要措施之一。

②吸入农药而引起的中毒应立即将中毒者带离现场，解开衣

领、腰带，去除假牙及口、鼻内可能有的分泌物，使中毒者仰卧并头部后仰，保持呼吸畅通，注意身体的保暖。

③经由口引起的中毒，应对中毒者尽早采取引吐洗胃、导泻或对症使用解毒剂等措施。对神志清醒的中毒者采取给中毒者喝200～300毫升水（浓盐水或肥皂水也可），然后用干净的手指或筷子等刺激咽喉部位引起呕吐，并保留一定量的呕吐物，以便化验检查，昏迷者待其苏醒后进行引吐。

④对中毒严重者，如出现呼吸或心跳停止，应立即按常规医疗手段进行心肺脑复苏，如进行人工呼吸，针刺人中、内关、足三里或注射呼吸兴奋剂等。

（2）医院抢救。在现场急救的基础上，应立即将中毒者送往医院救治。

四、储藏与加工

216. 大豆清选的标准及方法？

清选标准：脱粒后进行机械或人工清选，产品质量符合大豆收购质量标准三等（完整粒率≥85.0%，损伤粒率≤3.0%，水分含量≤13.0%，气味、色泽正常）以上。

大豆清选机器的选择：根据收购要求及大豆收获量选择合适的清选机器，如小型移动收粮户以及农户自用清选优质大豆和商品豆可选用单机式清选器，大型粮库多选用带式清选机。

217. 大豆储藏技术特点及要求有哪些？

大豆储藏特点：大豆蛋白质和脂肪含量较高，并且籽粒结构比较特殊，其具有含水量高、吸水性强、高温易变质、后熟期较长及油分易析出的储藏特点。

大豆储藏要求：大豆质量应该达到 GB 1532—2009 等级至

少为三等的质量标准。

218. 大豆仓储要点有哪些？

（1）长期存放时，应在储藏前对储仓是否防潮、漏雨进行全面检查，确保墙、仓顶不漏，地面干燥，并且要具有一定的隔热性以及防潮性。

（2）仓库应该具备粮情检测系统，熏蒸系统以及虫害监测系统，并具有良好的通风条件。

（3）在储存大豆之前，应该对仓库中所有设备以及设施进行彻底的清洗，将杂质含量降到最低。

219. 大豆干燥方法有哪些？

大豆的干燥是采取控温干燥等有效措施。使大豆含水量符合本地安全储存的标准，在干式贮存过程中，避免因高水分，出现呼吸旺盛、霉菌侵蚀、浸油变红、豆类堆发热和质量的其他储藏情况恶化。

干燥方式主要有带豆荚干燥、脱粒干燥、通风干燥、设备干燥、勤倒仓。

220. 大豆可以制成哪些食品？

（1）传统豆制品。发酵豆制品类：豆酱系列，如豆酱、酱油、豆豉、纳豆；腐乳系列，如红腐乳、白腐乳、臭豆腐等。非发酵豆制品类：豆腐系列，如水豆腐、干豆腐、冻豆腐、复水豆腐；豆干制品系列，如腐竹、百叶、千张、豆皮；素制品系列，如豆腐泡、豆腐卷、油炸丝、油炸条。

（2）新兴豆制品。蛋白制品类：冲调饮用系列，如速溶豆粉、豆奶粉、豆奶、豆腐晶；添加剂用系列，如分离蛋白、浓缩蛋白、组织蛋白、全脂大豆粉。磷脂制品类：基础产品系列，如浓缩磷脂等；中间产品系列，如精制卵磷脂、脑磷脂、肌醇磷脂、粉末磷脂；终端产品系列，如磷脂胶囊、磷脂软胶丸、磷脂片、磷脂冲剂。

（3）油脂系列。单一制品包括毛油、水化油、机榨油、色拉油、烹调油等；复合制品包括调和油、强化油、生物柴油等。

221. 大豆除加工食品外的其他工业用途有哪些？

（1）硬脂酸。大豆是高纯度硬脂酸的主要来源，主要用来制造食品乳化剂、矿石浮选剂，还可制造肥皂和蜡烛。

（2）甘油。是火药、医药和造纸的重要原料。

（3）油漆。豆油与桐油或亚麻油混合制成的油漆，有韧性，是室外油漆。

（4）氧化豆油。由大豆加工制成，经提高比重和黏滞性，可替代润滑油，供汽车、轮船、机械等使用。适当配合鱼油制造的高级润滑油，可供飞机用。

（5）其他产品。大豆油与酒精混合可以制造人造橡胶，还可以制成液体燃料、瓷釉、印刷油墨、聚氯乙烯、树脂等。

222. 如何储藏杂豆？

杂豆收获后要及时晾晒、脱粒、清选，当籽粒含水量低于14％时可以入库储藏。保存时杂豆袋不可直接接触地面，可用木方踮起一定高度，且落垛为 32 厘米或 47 厘米宽为宜，不宜过厚，利于通风，防止出现霉变。并用磷化铝、氯化苦、溴甲烷等药剂熏蒸后密闭 5～7 天，以预防豆象等冬储害虫。

五、大豆的营养成分及食用方法

223. 大豆含有哪些营养成分？

大豆富含蛋白质，平均含量 35％～40％，每 100 克大豆的蛋白质含量，相当于 200 克瘦猪肉、300 克鸡蛋、1 千克牛奶的蛋白质含量。大豆富含优质脂肪（含量为 16%～24%），其中亚油酸占 51%～57%，油酸占 32%～36%，亚麻酸占 2%，磷脂约 1.6%，这些成分对于人体健康都十分有利。大豆中还富含氨基酸和钙、磷、铁、锌等重要的微量元素，其中还含黄酮类化合物和植物激素。

224. 大豆主要有哪些营养价值？

大豆营养价值很高，具有增强机体免疫力、防治脂肪肝、预防心血管疾病、防治血管硬化、通便、降糖、降脂、减轻女性更年期综合征症状、延迟女性细胞衰老等作用。大豆中还含有一种抑胰酶的物质，对糖尿病有一定的疗效。因此，大豆被营养学家推荐为防治高血压、动脉硬化、冠心病等疾病的理想保健品。大豆中含有的软磷脂是大脑细胞组成的重要部分，常吃大豆制品对增加和改善大脑技能有重要作用。

225. 什么是转基因大豆？

转基因大豆是科研人员应用基因导入技术培育出的抗草甘膦大豆品种。由于转基因大豆具有耐草甘膦除草剂的基因，这种大豆对非选择性除草剂具有高度耐受性，在大田中施用草甘膦除草剂不会影响大豆产量。此外，转基因大豆还有其他类型，如高蛋氨酸大豆品种等。

226. 如何挑选食用大豆？

可以参考如下几方面挑选：

（1）质地。籽粒饱满、整齐、均匀，无霉变、破瓣、虫害、缺损、挂丝的是好大豆；反之为劣质大豆。

（2）色泽。种皮色泽光亮、皮面干净为佳；色泽暗淡、无光泽的较差。

（3）水分。大豆压碎时声音清脆或者籽粒成碎粒的干燥大豆，质量佳；反之为受潮大豆，质量欠佳。

（4）肉色。豆肉深黄含油率高，质量好；豆肉淡黄色含油率低，但一般蛋白质含量较高。

227. 大豆食用时应注意什么？

未经加工成熟的大豆含有不利健康的抗胰蛋白酶和凝血酶，所以大豆不宜生食，夹生豆也不宜生吃，也不宜干炒食用。大豆食用时应高温煮烂。另外，由于大豆不易消化吸收，食用会产生大量的气体造成腹胀，所以有消化功能不良、胃脘胀痛、腹胀等慢性消化道疾病的人应尽量少食。

六、绿豆的营养成分及食用方法

228. 绿豆有哪些营养成分？

每 100 克绿豆含有碳水化合物 62 克、蛋白质 21.6 克、膳食纤维 6.4 克、脂肪 0.8 克、维生素 A 22 微克、维生素 E 10.95 毫克、维生素 B_1 0.25 毫克、维生素 B_2 0.11 毫克、胡萝卜素 130 微克、维生素 B_3 2 毫克、钾 787 毫克、磷 337 毫克、镁 125 毫克、钙 81 毫克、铁 6.5 毫克、钠 3.2 毫克、锌 2.18 毫克、铜 1.08 毫克、锰 1.11 毫克、硒 4.28 微克、热量 1 334.7 千焦。绿豆含有丰富的蛋白质，而蛋白质中以球蛋白为主，并含有多种氨基酸，还含有多种维生素和微量元素，所以绿豆的营养价值比较高。

229. 绿豆主要有哪些功效？

绿豆味甘、性寒，具有清热解毒功效。含有类黄酮、单宁、皂苷、生物碱、植物甾醇、香豆素、强心苷等物质；绿豆中所含磷脂有兴奋神经、增进食欲的功能；绿豆中的多糖成分有降血脂的疗效，可以防治冠心病、心绞痛；绿豆中含有一种球蛋白和多糖，能促进动物体内胆固醇在肝脏中分解成胆酸，加速胆汁中胆盐分泌并降低小肠对胆固醇的吸收；绿豆的有效成分具有抗过敏作用，可治疗荨麻疹等疾病；绿豆对葡萄球菌以及某些病毒有抑制作用，能清热解毒；绿豆含丰富胰蛋白酶抑制剂，可以保护肝脏，减少蛋白分解，从而保护肾脏。

230. 绿豆为什么能解毒？

绿豆蛋白及绿豆中的鞣质和黄酮类化合物可与有机磷农药、汞、砷、铅结合形成沉淀物，使之减少或失去毒性，并不易被胃肠道吸收。绿豆中含有丰富的蛋白质，生绿豆水浸磨成的生绿豆浆蛋白含量颇高，内服可保护胃肠黏膜。

231. 绿豆芽有哪些营养价值？

绿豆芽为绿豆经浸泡后发出的嫩芽。绿豆在发芽过程中，维生素 C 会增加很多，而且部分蛋白质也会分解为各种人体所需的氨基酸，可达到绿豆原含量的 7 倍。所以绿豆芽的营养价值比绿豆更高。绿豆芽还有很高的药用价值，不仅能清暑热、通经脉、解诸毒，还能补肾、利尿、消肿、滋阴壮阳，调五脏、美肌肤、利湿热，还能降血脂和软化血管。

七、赤豆的营养成分及食用方法

232. 赤豆的营养成分有哪些？

赤豆又名红小豆、赤小豆，富含淀粉。每 100 克赤豆中含蛋白质 21.7 克、脂肪 0.8 克、碳水化合物 60.7 克、钙 76 毫克、磷 386 毫克、铁 4.5 毫克、维生素 B_1 0.43 毫克，维生素 B_2 0.16

毫克、维生素 B_3 2.1 毫克。赤豆蛋白质中赖氨酸含量较高，宜与谷类食品混合成豆饭或豆粥食用，是做豆沙和糕点的原料。

233. 赤豆有哪些药用价值及功效？

赤豆不仅味美，而且可入药。赤豆性平、味甘，具有健脾、养胃、利水、除湿、排脓、通乳作用。医学家通过临床实践，认为赤豆对痈肿有特殊疗效。现代医学还查明，赤豆对金黄色葡萄球菌、福氏痢疾杆菌及伤寒杆菌都有明显的抑制作用。

234. 如何利用赤豆进行食疗？

赤豆一般用于煮饭、煮粥，做赤豆汤，用于菜肴红豆冬瓜汤等。由于赤豆淀粉含量较高，蒸后呈粉沙性且有独特香气，故常用赤豆沙做各种糕团、面点的馅料。赤豆富含膳食纤维，具有润肠通便、降血压、降血脂、调节血糖、抗癌、预防结石、健美减肥作用。

235. 赤豆食疗时有哪些禁忌？

赤豆虽好，但是将赤豆制作成为菜肴的时候，一些禁忌同样需要了解。

（1）赤豆不能够和米一起熬煮，常食容易导致口腔出现口疮。

（2）赤豆在烹饪过程中不能加入食盐，会降低药效。

（3）赤豆能够有效的促进肠道蠕动，因此建议肠胃功能较弱患者日常服用红豆不能贪多。

（4）中医方面认为赤豆性甘酸，服用之后具有利尿的作用。所以在日常不能多吃，否则，容易出现尿多以及体形消瘦的情况。

（5）如身体被蛇咬伤了，建议百天内不要服用赤豆。

（6）赤豆不能和羊肉、羊肝、羊肚一起服用。

（7）尿多的患者也不建议多服用赤豆。

八、黑豆的营养成分及食用方法

236. 黑豆的营养成分有哪些？

黑豆又名橹豆、乌豆、黑大豆，味甘性平，具有高蛋白、低热量的特性，黑色种皮，种肉为黄色或绿色。每 100 克黑豆含蛋白质 36 克、脂肪 15.9 克、膳食纤维 10.2 克、碳水化合物 33.6 克、维生素 17.36 毫克、热量 1 594 千焦。

237. 黑豆有哪些营养价值和功效？

（1）黑豆含有丰富的蛋白质、维生素、矿物质，有活血、利水、祛风、解毒之功效。

（2）黑豆中含有锌、铜、镁、钼、硒等微量元素，而这些微量元素对延缓人体衰老、降低血液黏稠度等非常重要。

（3）黑豆皮为黑色，含有花青素。花青素是很好的抗氧化剂来源，能清除体内自由基，抗氧化效果好，有驻容养颜之功效。

（4）"黑豆乃肾之谷"，肾虚的人食用黑豆可以祛风除热、调中下气、解毒利尿，可以有效地缓解尿频、腰酸、女性白带异常及下腹部阴冷等症状。

238. 黑豆日常如何食用？

黑豆的食用方法有很多种，磨面可蒸成馒头，煮熟可作凉拌菜，炒熟可作零食小吃，打豆浆可作饮料，生芽可作蔬菜。常食黑豆可补充维生素，且黑豆中的蛋白质和脂肪也更利于消化。

239. 黑豆芽营养价值有哪些？

黑豆经发芽而成的黑豆芽除含一般蔬菜的营养外，还含有一些特殊物质，能起到特殊的保健作用。所以，在日本、欧美等国，人们将黑豆芽视为天然维生素的化身，健康美容的食品。经常食用可起到很好的清血管、清肠道，增加血液含氧量的作用。

240. 醋泡黑豆有哪些功效？

醋泡黑豆具有美容、减肥、补肾、明目、乌发功能，有效改善便秘、高血压、高血脂、腰酸腿痛、糖尿病、前列腺病、白发、冠心病和看电脑、电视时间长引起的视力下降、眼睛疼痛、干涩、头晕、头痛。同时醋泡黑豆对于改善近视等眼部疾病都有很好的作用。

制作方法：黑豆煮成七八成熟，然后捞出，用醋浸泡，一周后即可食用，既可佐餐，也可当零食。

第四部分　高粱种植

一、高粱生产概况及品种选择

241. 高粱在我国经济发展中的作用有哪些？

高粱具有抗旱、耐涝、耐盐碱、适应性强、光合效能高及生产潜力大等特点，是春旱秋涝和盐碱地区的稳产作物。高粱用途广泛，籽粒除可食用、饲用外，还可制造淀粉、酒精。我国的茅台、五粮液、泸州老窖和汾酒等名酒都是以高粱籽粒为主要原料酿制的，高粱也是做醋的上等原料。高粱的茎叶有较高的饲用价值，饲用高粱主要营养成分中的可消化蛋白、粗脂肪、无氮浸出物等相当于玉米。糖用高粱和粮糖兼用高粱的茎秆中含有大量糖分，可加工制糖、酒精、饴糖等。帚用高粱可加工笤帚和炊帚。颖壳可提取天然色素。茎秆可以造纸。

242. 在北方发展高粱产业有什么优势？

我国北方的高粱种植相对集中。一方面是由环境、气候、地理条件及高粱生物学特性决定的，由于常年风沙、干旱，土壤肥力较低，又多盐碱，使高粱的抗旱、耐涝、耐盐碱、耐瘠薄的特性得到充分发挥，种植高粱能使中低产田获得较高的产量和较好的经济效益。另一方面，由于多年种植高粱，使这一区域成为全国的高粱主产区，在市场经济的推动下，在黑龙江省、吉林省、辽宁省、内蒙古自治区等地形成了许多红高粱购销市场，商品高梁交易十分活跃，不管是丰年还是歉年，粮食积压现象很少出现，产销两旺，使高粱区域性长期稳定发展的格局得以形成。

243. 近年来高粱种植的发展趋势怎样?

高粱是北方主要杂粮作物之一，从前几年经验总结来看，无论是丰年还是歉年，商品高粱没有出现积压现象，在新形势下，高粱种植面积将会稳中有升，主要有以下几方面的原因：

（1）区域性气候条件决定的。北方一些地区"十年九春旱"，加之风沙、干旱、盐碱等，土壤肥力逐年下降，这种土壤种植其他作物投入大、成本高、产量低，因此，耐瘠薄、耐盐碱的高粱就成为农户的首选。

（2）种植结构调整决定的。黑龙江省北部地区原来以种植玉米、大豆为主，受严重干旱和比较效益下滑的影响，现在转变为主要的杂粮产区。

（3）加工业的发展决定的。北方种植的高粱为南方酒厂提供了大量优质原料。此外，以黑龙江省富裕老窖酒厂、北大仓酒厂、龙江家园酒业公司、龙江酒厂等为代表的酿酒企业为了提高产品质量，选用优质原料，许多企业春季就与农民签订合同，保证收购，这在一定程度上促进了高粱产业的发展。

（4）经济效益决定的。由于高粱投入少、成本低、产量高、比较效益大、秋季脱水快，收获后即可销售，资金周转周期短，一定程度上提高了农民种植高粱的积极性。

244. 盐碱地上能种植高粱吗?

高粱对土壤酸碱度的适应性较强，一般耐酸碱范围在 5.5～8.5 之间。而适宜种植的酸碱度为 6.5～7.5。高粱在含盐量小于 0.5％的盐碱地上，植株可以正常生长，比玉米、水稻、小麦的耐盐性强，因此，盐碱地种植高粱，比种植其他作物可获得较好的产量。

245. 高粱的生长发育受哪些环境条件的影响？

（1）温度。高粱种子萌发的适宜温度为18℃以上，最低温度为8℃。生产上可把距地表5厘米以内土壤的平均气温达12℃时作为适时播种的温度指标，温度过低会发生粉种。幼苗生长发育的最适温度为20～25℃，拔节孕穗期间适宜温度为25～30℃。抽穗开花期间适宜温度为26～30℃。生育后期适宜日平均温度为20～24℃，日平均温度下降至16℃以下时，灌浆停止。

（2）水分。土壤含水量15%～20%时即可播种。苗期需水量占全生育期总需水量的8%～15%。拔节孕穗期需水量占全生育期总需水量的33%～35%。抽穗开花期需水量占全生育期总需水量的22%～32%，此时缺水使不育花数增多。灌浆期一旦发生干旱，会导致籽粒产量下降。

（3）光照。穗分化期间光照不足，主要影响穗粒数。孕穗期光照不足或阴雨连绵，可造成基部幼穗发育不良，出现"秃脖"现象。如籽粒灌浆期得到充足的光照，则粒重地增加可以弥补粒数地减少。

（4）肥料。高粱生育期间对肥料的需求主要为氮、磷、钾三种元素。磷素对株高、出叶速度、叶面积、单株鲜重及根数产生明显影响，并有利于籽粒灌浆期干物质的运输、转化和积累，提高籽粒的蛋白质含量。氮素是植株体内氨基酸的组成部分、是构成蛋白质的成分，也是植株叶绿素的组成部分，它能促进作物的茎、叶生长。拔节孕穗期是第一个吸肥高峰期，追施氮肥的效果最好。钾素有助于维持后期的光合作用，也有利于成熟和高产。

246. 高粱的种类有哪些？

高粱按用途可分为酿造高粱、食用高粱、甜高粱、帚用高粱和饲用高粱。

247. 粒用高粱有哪些用途？

（1）酿造。粒用高粱是我国制酒的主要原料。驰名中外的名酒大多是用高粱做主料或做佐料酿制而成。此外，粒用高粱也是制醋的优质原料，山西的陈醋、东北的烤醋都以粒用高粱作主料。

（2）食用。用高粱米和高粱面粉可以做出各式各样的高粱食品。根据原料和做法，可以把高粱食品分为三大类，即米制食品、面制食品和膨化食品。

（3）饲料。高粱籽粒是一种优良饲料，平均总淀粉含量为69.82%。作饲料的平均可消化率为蛋白质 62%、脂肪 85%、粗纤维 36%、无氮浸出物 81%，可消化养分总量为 70.46%。高粱籽粒适于作畜禽的饲料，其饲用生产的效能大于燕麦和大麦，略低于玉米。

248. 食用高粱具有哪些营养价值及保健作用？

高粱中含有人体所需的多种营养成分，每 100 克高粱中一般含有蛋白质 10.4 克、脂肪 3.1 克、碳水化合物 74.7 克、膳食纤维 4.3 克、维生素 B_1 0.29 毫克、维生素 B_2 0.1 毫克、钙 22 毫克、铁 6.3 毫克、锌 1.64 毫克、镁 129 克、硒 2.83 毫克。蛋白质中氨基酸种类比较齐全，如每 100 克中含苏氨酸 334 毫克、蛋氨酸 251 毫克、亮氨酸 1 506 毫克、苯丙氨酸 655 毫克、赖氨酸 231 毫克、异亮氨酸 459 毫克、缬氨酸 562 毫克，与其他食物组合可以充分发挥食物的互补作用。

高粱还具有一定的医疗保健作用。中医认为高粱性味甘平、微寒、有和胃健脾、消积的功效。高粱米糠中含有大量的鞣酸及鞣酸蛋白，具有较好的收敛止泻作用。高粱含有的食物纤维有利于代谢废物的排出。

249. 饲用高粱与其他作物相比有哪些优点？

（1）产量高、品质好。由于饲用高粱植株高大粗壮、茎秆多汁且茎叶繁茂，可产 52.5～75 吨/公顷的青贮料，其青贮产量高于饲用玉米，同时还可收获 4 500～7 500 千克的籽粒，营养成分相当于或优于饲用玉米。

（2）单独青贮或同青贮玉米混贮时可提高青贮料的质量。饲用高粱单独青贮时，其营养价值高于饲用玉米或干草，与青贮玉米混贮时，可弥补青贮玉米水分和糖分的不足，青贮质量好，营养丰富，奶牛喜食，且易于消化吸收。

（3）抗逆性强、适应性广。比玉米抗旱、耐涝、耐盐碱，且较抗叶部病害及黑穗病。在一般的耕地和轻盐碱地均可种植。

（4）实行草饲轮作。我国的草原荒地面积约有 2 600 万公顷，可利用这些草场资源种植饲用高粱，实行草饲轮作，提高产量，增加经济效益，减缓与粮争地的矛盾。

（5）再生性强。饲用高粱具有多年生牧草的可再生性，弥补了饲用玉米等作物一次播种一次收获的缺点，大大延长了干旱、半干旱地区反刍动物青绿粗饲料的供应时限，丰富了当地粗饲料的利用类型。

250. 什么是高粱的机械化栽培？机械化栽培品种有哪些特点？

机械化栽培是将一系列的高粱栽培农艺技术措施通过机械方式加以完成，是将许多技术环节集合组装的一项成套技术。随着社会的发展和生产条件的改善，我国高粱生产由传统的人工种植为主逐步发展为机械播种、机械施肥、机械喷药以及机械收获等的机械化生产方式，有效降低了生产成本。

机械化栽培品种一般具有以下特点：株高 150 厘米以下，耐密植、抗倒伏；具有较强分蘖能力，中等偏散的穗型；植株上部叶片窄小、上冲，下部叶片披散，旗叶不护脖，穗茎节稍长；生育后期籽粒的灌浆速度快、脱水快、脱水一致、不早衰、不落粒。

251. 如何选择高粱品种？

选择比当地常年有效积温低 100～150℃的品种，才能保证安全成熟，其次要选择高产、优质、抗逆性强的品种。

252. 目前北方高粱生产上有哪些主栽的高粱品种？

早熟高粱：龙杂 17、龙杂 18、龙杂 19、龙杂 20、绥杂 7 以及齐杂 722。中熟高粱：龙杂 10 号、龙杂 16 号、吉杂 90 以及吉杂 140。晚熟高粱：凤杂 4、吉杂 124、吉杂 127、吉杂 210、吉杂 305、白杂 8、辽杂 19、辽杂 37、辽粘 3 以及锦杂 100。

二、高产栽培技术

253. 高粱为什么要轮作倒茬？

（1）有利于均衡利用土壤养分。高粱消耗的土壤养分较多。高粱根系能分泌较多的蔗糖，微生物在分解过程中因固定土壤中的硝酸盐，使有效氮减少，对后作产生不良影响。因此，轮作后，可解决由于地力消耗较多而引起耕层中某些元素的缺乏，肥力下降的问题。

（2）有利于减轻病虫害的发生。高粱生产中最主要的病害为黑穗病。黑穗病的侵染主要是通过土壤中的黑穗病菌进行的，由于黑粉孢子可在−30℃的条件下越冬，因此，可对重茬高粱进行侵染。此外，由于连作也增加了其他病虫害对高粱的危害程度，降低了高粱产量。因此，轮作能明显降低病虫害的危害程度，提高产量。

254. 高粱对前茬作物有什么要求？对后茬有什么影响？

高粱的适应性和耐瘠薄能力均较强，对前茬作物的要求不严。多年实践证明，高粱的前茬最好为大豆，其次为小麦、玉米、马铃薯、谷子等。一般情况下，高粱对氮及灰分元素的消耗量要大于玉米。但高粱种植密度大，植株长势强，后期密闭度高，使杂草长不起来，因此，高粱作为田间杂草较多的玉米、谷子等作物的前作，可收到良好的除草效果。特别要注意的是，虽然大豆茬是好茬，但一定要了解前茬用过何种除草剂，残留期长短，对高粱有影响的，不宜再种植高粱。

255. 常见的高粱轮作倒茬方式有哪些？

常见的轮作倒茬方式：高粱—大豆、高粱—谷子—大豆、高粱—大豆—春小麦、高粱—谷子—大豆—玉米、高粱—谷子—春小麦高粱×玉米×大豆混作、高粱—大豆—春小麦—玉米。

256. 高粱生产时为什么要深耕整地？

（1）深耕可加厚耕层，改善土壤的物理性状。深耕将深层土壤翻到地表，表土翻到地下，使土层疏松，有利于有机物质的分解和无机盐的风化，增加土壤肥力。同时，土层中通气性和透水性增强，土温升高，促进了土壤微生物的活动，加速了有机物质的分解。

（2）深耕可增强土壤的蓄水保墒能力。耕翻后的土壤产生了大量的非毛细管孔隙，降水时水分容易通过这些孔隙渗入耕层，将土壤水分蓄积在耕层底部，避免出现地表径流。土壤中的毛细管因吸附力强，蓄积的水分不易蒸发，从而提高了土壤的蓄水保墒能力。对于我国北方"十年九春旱"的生产条件，深耕对高粱播种出苗，培养壮苗十分有利。

（3）减少杂草和病虫害的发生。耕翻时，使土壤表层中杂草散落的种子翻到深层，减少发芽机会。部分病菌翻到深层后，受深层环境影响不能继续生存，减少第二年侵染作物的机会。同时，深耕将一些害虫翻到表层，特别是许多以蛹、幼虫或成虫越冬的害虫，使其大部分在冬季被冻死，减轻了第二年对作物的危害。

（4）深耕可防止返盐。对于盐碱地，深耕后，蒸发量减少，能控制因水分蒸发而带来的盐分残留量，起到防止返盐的作用。

257. 深耕整地有哪些关键技术？

（1）深耕时注意深浅一致。扣垡要整齐严实，不漏耕，尽量少留犁沟，前作的根茬要扣严、埋净，不留残茬和杂草。

（2）要尽早深耕。早深耕有利于土壤的熟化，还能有效地接纳和保蓄秋雨冬雪，做到秋雨春用。

（3）深耕要根据土壤状况掌握深度。一般以耕深约 30 厘米为宜。确定耕深时还要考虑土壤的质地、耕层的深度和施肥量等条件。一般土壤土层厚，表土底土性质相近的，可适当深耕。黏重土壤，不易熟化，应注意深耕适当，以免生土翻得太多，影响高粱生长。在增施农家肥的情况下，深耕有利于土壤熟化。沙土保肥力差，一般不宜深耕。

（4）要根据土壤的湿度适时深耕。土壤过湿或过干都会影响深耕的作用，甚至引起不良后果。土壤过湿深耕容易引起板结，形成坷垃；土壤过干深耕则费力费时，达不到深耕的效果。一般认为土壤含水量在 15％～20％时深耕，效果最佳。一般秋季深耕应先耕墒情和保水性差的沙性土壤。黏土地、涝洼地和保水性好的壤土地可适当延迟深耕。

258. 为什么秋整地的效果好于春整地？

我国北方年降水量少，春天经常发生干旱，因此，播种保苗的难度很大，必须做到春墒秋保。秋起垄既可疏松土壤，又可提高土壤的蓄水保墒能力，减少土壤水分地蒸发。春深耕虽然加深了土壤的耕作层，但没有蓄水保墒的作用，有时往往因春季风大跑墒严重。所以，一般秋起垄可避免第二年春季起垄时造成地土壤跑墒，可收到明显的蓄水保墒效果。

259. 为什么要耙地？

耙地的作用是破碎土块，平整地表，疏松表土，减少土壤空隙、割断土壤中的毛细管，减少水分蒸发。耙地要进行多次，深耕后随犁随耙效果较好。

260. 镇压有什么作用？什么时候进行镇压？

镇压的作用主要是压碎坷垃，密实土层，减少水分蒸发。同时，通过镇压，使土壤毛细管上下接通，有利于土壤耕层以下的水分向上层移动，提高表土的含水量。在春旱严重、土壤疏松、春风大的地区，镇压是一项保全苗的关键技术。通常在土壤化冻到 10~15 厘米镇压。镇压要以表层能形成一层薄薄的细土为宜。

261. 播前耢地有什么作用？

播前耢地的作用是使土壤表面形成一个细碎、密实的覆盖层，使土壤表面的干土层减少，土地平整，从而使种子能播在湿土里并使播深达到一致。通常边耢边播。

262. 播种前如何进行种子选择和处理？

进行种子的播前处理是提高种子的生活力和发芽率，保证苗全、苗齐、苗壮的基础。常用的种子播前处理方法有选种、晒种或炕种。

（1）选种。播种前应对所播种子进行清选。主要用筛子筛选和风选选出饱满的种子，淘汰瘪粒及破损粒。

（2）晒种或炕种。晒种时，选择晴朗、温暖的天气，晾晒

3～4 天。炕种是将高粱均匀地摊在炕面上，炕面温度以 35～45℃为宜，并经常翻动，使其受热一致，一般需 6 天左右。晒种或炕种对于熟期较晚或成熟度较差的种子效果更好。

263. 如何防治种子带菌及苗期地下害虫危害？

药剂拌种或包衣是防治种子带菌及苗期地下害虫危害的重要措施，对防治高粱的黑穗病和其他病害效果很好。用种子量 0.6% 的五氯硝基苯拌种，防治黑穗病的效果可达 70%；用种子量 0.5% 的 50% 多菌灵可湿性粉剂拌种，防治效果可达 80% 以上。此外，还可用萎锈灵、三唑酮、甲基硫菌灵等进行拌种。

264. 如何确定高粱最佳播种时期？

高粱播种期受许多因素影响，主要包括水分和温度。播期不适宜，除对保全苗有很大影响外，还对其生长发育、幼穗分化和产量等有明显影响。生产上通常将土层 5 厘米的日平均温度稳定通过 10～12℃作为适期播种的温度指标。高粱种子发芽所需土壤的含水量不同土壤之间差别很大，壤土为 12%～13%，黏土为 15%，沙壤土为 10%～11%，沙土为 6%～7%。

高粱播种期还应根据品种、土质、地势等条件决定。晚熟品种生育期长，要求积温高，应适时早播；早熟品种生育期短，应适当晚播；沙地的地温上升快，保墒难，应早播；低洼地、黏土地含水量高，温度上升慢，播早了容易出现粉种霉烂，可适时晚播。

265. 如何确定高粱播种量？

确定高粱播种量的指标主要有种植密度、种子发芽率、籽粒大小、整地质量和播种方法等。一般来说，杂交种的种植密度大于普通品种，矮秆的种植密度大于中高秆品种。因此，密度较大的品种，其播种量也相对较多。种子籽粒的大小也影响播种量，小粒种子的用量相对少些。此外，土壤墒情好时，播种量相对较少。人工播种时播种量较多。而使用精量播种机时，播种量较少。地下害虫发生严重时，播种量应较多。因此，在确定单位面积播种量时，应综合考虑各方面因素。

266. 高粱种植的常规播种方式有哪些？

高粱的播种方法主要有条播和穴播。生产上一般采用条播。穴播对利用土壤下层墒情有利，但应保证播种的深浅一致。利用机械播种速度快、质量好，可显著缩短播期，且机械播种开沟、播种、覆土、镇压等作业连续进行，对春季保墒有利。

267. 如何进行催芽坐水？

催芽后的种子不易粉种，比未催芽的种子提前出苗 3～5 天，出苗率提高 15%～40%，且扎根早，幼苗整齐一致。通常在播种前 1 天下午，把种子放在 30℃的温水中浸泡 3 小时左右，然后放在温热处进行催芽。催芽过程中要勤翻动，使种子上下层温度一致，种子刚萌动时即可播种。

催芽要注意不要使芽长得过长。催芽后的种子不能拌农药，也不能与化肥直接接触。干旱、土壤墒情不好时，催芽的种子应坐水播种。

268. 如何确定高粱播种深度？

播种深度是影响播种质量的一个重要因素，播种太深导致幼芽伸不出地表，或者根茎伸长消耗种子中大量的营养，幼苗细弱，生长迟缓。播种过浅，容易使种子落干，造成出苗不齐、不全现象。

播种深度与土壤质地、墒情、品种、种子大小等有关。一般以压后 3～5 厘米最为适宜。不同的土壤类型播种深浅也不同，黏土地紧密，容易板结，不易出苗，应浅播。沙土地保墒差，容易出苗，可适当深播。墒情好的可浅播，墒情差的应深播。土温高的宜深播，土温低的则应浅播。

269. 播种后为什么镇压？什么情况下不宜镇压？

播后镇压是播种的最后一道工序。播种后，土壤孔隙大，容易造成土壤水分大量蒸发，吊干种子。播后镇压，可以碾碎土块，压实土层，使种子与土壤紧密结合，并使土壤形成毛细管将底层水分提到播种层，供种子吸水萌发。丘陵山地、沙土地，土壤水分容易蒸发，播后要早压、多压，对提高出苗率效果十分明显。涝洼地、盐碱地或播种时土壤水分多的地块，播后要适当晾墒，当地表发白干燥时再镇压，以免镇压过早土壤板结，影响出苗；而镇压过晚，会使土壤失墒过多，土层干硬，土坷垃也不易压碎，失去保墒作用。适期镇压的标准是播后土壤表面干爽，无湿土痕迹。

270. 干旱条件下如何进行播种？

抗旱播种方法主要根据土壤的墒情来确定。在土壤墒情尚好，干旱程度不重，可充分利用原有墒情条件的播种方法，如抢墒早播法、提墒播种法等。已发生干旱，但深层土壤还含有足以使种子发芽出苗的水分，可利用深层土壤水分的播种方法，如套耧播种法、沟种法、两犁深种法、刮土播种法等。如果干旱严重，只能通过灌溉使种子吸水发芽的播种方法，如催芽坐水法、掘水接墒播种法和润墒播种法等。

271. 湿涝条件下如何进行播种？

（1）浅播法。采用浅覆土来增加地温，加速表层土壤水分蒸发，加快出苗速度，降低粉种率，通常覆土厚度不可超过3厘米。

（2）晚播法。春涝时土壤温度低、回升慢，可将播种期往后移，待土壤 5～10 厘米土壤温度稳定于 12℃以上再播种。

（3）晾墒播种法。在春雨多、土壤水分过多的情况下，可先开沟晾墒，待墒情适宜时再进行播种。若土壤含水量仍高于适宜发芽的湿度，播种时可以不镇压，以利于水分蒸发和提高地温。

272. 盐碱条件下如何进行播种？

在盐碱地区种植高粱，采取一些特殊的栽培技术措施，对保苗夺丰收具有重要的作用。

（1）浅播法。盐碱地一般较正常地段表层 5 厘米的土壤温度低 1～2℃，早播易粉种，晚播则会因地表返盐而影响出苗。因此，当播种期间无雨，底层盐碱尚未返到地表、墒情适中时，可采用浅播法。

（2）沟垄法。根据盐碱地块低处盐轻、高处盐重的特点，开沟深 10 厘米左右，沟宽 15 厘米左右，施用有机肥，因有机肥含有大量的有机质，经微生物分解后产生腐殖质，可将土粒结合成团粒，从而有效地改善土壤结构，提高透水性和淋溶作用，并能减轻地面蒸发，抑制返盐。随后在沟内播种，覆土 2～3 厘米。

273. 高粱机械化栽培技术有哪些？

（1）品种选择。机械化栽培的高粱品种应为株高 150 厘米以下、植株不繁茂、穗茎节稍长，适于密植、抗倒伏，穗型中紧偏散、着壳率低，旗叶窄小且不护脖，熟期适中的品种。

（2）整地。做到精细整地。秋季土壤含水量在 20% 时深耕 30 厘米效果较好。耕翻整地时做到扣垡整齐严实、不漏耕、不留嵌沟，前作的根茬要扣严、埋净，不留残茬和杂草。耕翻时随耕随耙。准备垄作的，耙后进行秋起垄。春季在返浆期前镇压一次，可起到蓄水保墒的作用。

（3）播前准备。根据品种的最适密度、种子净度、发芽率及田间保苗株数计算出播种量，并调试好播种机的播种量。公式为：

$$\frac{播种量}{（千克/公顷）} = \frac{保苗株数（株/公顷）\times 千粒重（克）}{净度（\%）\times 芽率（\%）\times 田间保苗率（\%）} \times 1\,000\,000$$

（4）适时收获。完熟期收获最佳，收割后及时晾晒、清选、入库。

274. 饲用高粱在栽培中有什么特殊要求？

（1）选用适宜的高产品种。凡植株生物产量高、含糖量高、柔嫩多汁、粗纤维含量少、可消化营养物质较多的品种都适于饲用栽培。

（2）分期播种可以均衡饲草的供应。单纯做饲用栽培时，播种期可持续的时间很长。按照早熟、中熟和晚熟品种的生育期适当搭配，分期进行播种，以便分期收割、交错喂饲。

（3）提高种植密度。在增加肥水、提高栽培管理水平的前提下，采用窄行条播，增加种植密度是提高饲用高粱产量的重要途径。

（4）收获时期。为了不断地供给家畜多汁饲料，青饲高粱自抽穗到乳熟期，随时都可以收割。青贮高粱的最适收获期应在乳熟末期。如果以籽粒作粮食，茎叶作青贮时，则在蜡熟末期收获最为适宜。

275. 饲草高粱在利用中有什么要求？

（1）鲜草直接利用。种植约 2 个月后，植株长到 1.2～1.5 米高，可进行第一次刈割，饲喂家畜。再生植株长到 1.2～2.0 米高时可进行第二次刈割。刈割留茬高度在 10～20 厘米以利饲草高粱再生。霜前最后一次刈割，要保证植株能长到 1.2 米以上。干旱季节，高度达 1.5 米以上再收获，以免家畜氢氰酸中毒。

（2）放牧。饲草高度 1.2 米左右可进行放牧，饲草高度降低到 10～20 厘米停止放牧，待其再生以供下次利用。

（3）制备干草。用于调制高质量的干草，在抽穗前或高度达 1 米时刈割。刈割生长季内可收获 3～5 次。用于晾晒干草或青贮的高粱在 9 月中旬前割除，以免遭受霜冻。每次刈割留茬必须在 10～20 厘米，以利于植株分蘖和迅速再生。

276. 高粱机械化栽培的方式有哪些？

可采用不同垄距进行播种：①垄距 65 厘米或 70 厘米的垄上双行播种，两行间种植距离为 12～15 厘米；②110 厘米垄距，垄上 3 行或 4 行，行间距 20～30 厘米；③130 厘米或 140 厘米垄距，垄上 6 行播种，行间距 20 厘米。

播种方式可选择条播或穴播。最好采用条播的方式。

277. 为什么要进行合理密植？

高粱种植密度是影响单位面积产量的重要因素之一。高粱单位面积产量是由单位面积收获的穗数、每穗粒数和粒重决定的。在稀植下，由于单株的营养面积大，通风透光条件好，单穗得到充分发育，表现为穗大，穗粒重高，但因株数少，光合作用总面积不足，单位面积产量不高。相反，在密植下，由于单株的营养面积小，通风透光条件差，个体之间争光、争水、争肥，使单穗得不到充分发育，表现为穗小且穗粒重低，单位面积产量也不会很高。因此，合理的种植密度是获得高产的重要前提。

278. 合理密植的影响因素有哪些？

（1）品种特性。品种的植物学性状和生物学特性是确定合理密度的主要依据之一。一般原则是矮秆、叶片窄小上冲、分蘖少、茎秆坚韧抗倒的品种或杂交种适于密植。植株高大、茎秆细弱、叶片肥大披散的品种容易倒伏和造成田间冠层郁闭，应适当稀植。早熟品种可适当密植。晚熟品种则适当稀植。适应性差、喜肥水的高产品种宜稀植；适应性广、抗逆性强的品种宜密植。

（2）土壤肥力。土壤肥沃、水肥充足，种植密度应大；而土壤瘠薄、施肥水平低的地块，则种植密度应小。沙土或沙壤土保水保肥能力差，前期发小苗，后期无劲，密度过大生长不好；黏土地养分、水分含量高，保肥保水能力强，应适当密植。平地，土层厚，肥力高，宜密植；山地，土层薄，肥力低，宜稀植。洼地，土层虽厚，但含水量大，通气性不良，也应适当稀植。

（3）种植方式。合理安排植株在田间的分布及株间、行间距离，既能充分利用土地、阳光，又可方便田间管理作业，如采用缩垄增行、缩小株距及大垄双行种植等。

279. 苗期如何进行查田补苗？

（1）补种。播种后，往往由于土壤墒情不足，播种质量不好或地下害虫为害等原因，造成缺苗断垄。补种时，最好预先进行浸种催芽，如土壤底墒不足，需浇水添墒，促使种子加速出苗，达到幼苗生长一致。

（2）补栽。移栽应在5～6片叶前进行。移栽时选阴天下午，先在缺苗处刨坑，然后将生长过密的苗起出，栽于坑内，盖土、封严、按实。土壤干旱时，需坐水移栽，才能保证成活。栽深以埋土到达幼苗基部白绿部分为宜。栽后应注意偏给肥、水，加强管理，促进其迅速赶上正常苗。

280. 为什么要进行间苗、定苗？

为防止缺苗和定苗时能选留壮苗，播量通常比规定的株数大得多。出苗数超过留苗数的数倍，早期幼苗相互排挤，不利于生长发育，因此需要及早进行间苗、定苗。

间苗可以避免幼苗互争养分和水分，减轻地力消耗。高粱最佳间苗时间应在植株2～3片叶期，有利于培育壮苗。在保全苗的基础上，高粱可于 4～5 叶期定苗。定苗时要求做到等距留苗、留壮苗、正苗，不留双株苗、二茬苗和过旺苗。

281. 田间管理有什么作用？什么时期开始田间管理？

铲趟增大了土壤孔隙度，可加速水分散失，提高土温。结合铲趟，培土起垄，可增加植株抗倒伏能力，同时有利于田间排水除涝。高粱株高达 60～80 厘米，经过三遍铲趟以后，要进行培土，培成的垄应为平顶方形、垄体丰厚，防旱保墒、排水除涝效果好。培土必须注意掌握土壤墒情，土壤过干时培土，易引起水分大量蒸发，加重旱害，过湿时培土，可产生较大的垡片，培土不严，干后土壤板结。

282. 如何进行铲地和趟地？

高粱苗期生长缓慢，早铲趟有利于提高地温，促使幼苗早生快发。在幼苗刚出土，还没有上垄时，就要开始铲趟管理，浅铲播种行两侧，"搂夹板锄"，锄草、松土。一般田块通常要进行 2～3 次的铲趟，在杂草发生严重，土壤干旱或低温多湿年份，需要增加铲趟次数。

高粱田一般实行浅锄，锄深为 2～3 厘米。在低温多湿年份，为提高地温，加快土壤水分散失，需要深锄、多锄。

283. 高粱种植应如何进行科学施肥？

每生产 100 千克高粱籽粒，需氮 2.0 千克、磷 1.3 千克、钾 3.0 千克，其比例约为 1：0.6：1.5。高粱吸收的营养物质量以钾素最多，氮素次之，磷素较少。

（1）底肥。一情况下，种肥每亩施用磷酸二铵 10～15 千克，硫酸钾 5 千克左右。

（2）追肥。高粱追肥以氮肥为主。一般在拔节期前 7～10 天施肥效果较好。此期追肥对于促进幼穗分化，增加每穗粒数，提高产量，具有很重要的作用。每亩施尿素 10～15 千克即可。

284. 如何确定高粱最佳收获时期？

确定收获期的准则是籽粒产量最高、品质最佳、损失最少。蜡熟末期之前籽粒的干物质仍在积累中；蜡熟末期之后干物质的积累已基本完成，主要进行水分散失。高粱籽粒的干物质积累量在蜡熟末期或完熟初期达到最大值。因此，蜡熟末期至完熟期是最适宜的收获时期。

285. 人工收获和机械收获都有哪些要求？

人工收获是指用镰刀手工割穗收获。具体操作步骤是，用镰刀从茎秆基部割断，再按 20～30 株捆成一捆置于地上。待割倒捆好后，每 20～25 捆高粱立起来，撮成一橡（又称为撮橡子），橡子要顺垄撮成直行，进行田间晾晒。一般经过 10 余天的田间晾晒后，开始拆橡子扦穗。把扦下的穗子运到场院，以备脱粒。这种收获方法便于提早腾茬，提早进行秋整地。

机械收获是采用联合收割机或者其他适合的收割机等机械进行收获。与人工收获机比，机械收获的效率更高。使用联合收割机时，要求生长整齐，茎秆坚韧，成熟时不易脱粒的品种。留茬高度在 12～15 厘米之间。机械收获时，要严格掌握收获时期才能减少田间损失。一般籽粒含水量达到 20％以下为适宜收获期。

286. 机械收获应注意些什么？

下霜后茎秆水分含量较低，叶片枯死、籽粒脱水至 20％以下再收获。可避免由于叶片湿度大、裹粒造成的脱粒不完全，但不宜收获过晚，否则会由于茎秆水分丧失造成倒伏。

收获时采用谷物联合收割机收获，收割前要调试好收割机。收获后要及时清选，清选后含水量大于 14％时，要及时晾晒，当含水量等于或小于 14％时清选保存。

287. 人工收获时如何进行脱粒？

高粱穗经过人工收获充分晾晒后，就要进行脱粒。脱粒的方法有人工脱粒、畜力脱粒和机械脱粒三种。不论采用哪种脱粒方法，都必须在脱粒之前充分降低籽粒的含水量，否则，不易脱净。不充分干燥就进行脱粒，不但作业效率低，破碎率高，而且还会增加损失，降低籽粒的品质。

三、病虫害防治

288. 北方高粱生产常发生的病害有哪些？

北方高粱发生的主要病害有高粱丝黑穗病、高粱北方炭疽病、高粱紫斑病、高粱靶斑病以及高粱细菌性条纹病等。

289. 高粱黑穗病分几类？各有什么症状？

高粱黑穗病有三种，即散黑穗病、坚黑穗病和丝黑穗病。

（1）散黑穗病的病穗及其籽粒和内、外颖部变为黑粉，外面包有一层暗灰色的薄膜。后期薄膜易破，破后散出黑粉，剩下长形的中轴。病株比健株稍矮，抽穗早于健株。

（2）坚黑穗病的病穗及其籽粒都呈灰色，长圆形，其内充满黑粉，外有薄膜，很坚硬，不易破裂。

（3）丝黑穗的整个病穗变成一个灰包，外面包有白色薄膜，病菌成熟时灰包容易破裂，散出大量的黑粉，留下像头发一样的黑色乱丝。

290. 如何防治高粱黑穗病？

（1）选择抗病品种。

（2）农业措施防治。不同亲缘或抗性基因的高粱品种合理布局，不要在同一地区长期种植亲缘单一的品种或杂交种。改进栽培技术，与非寄主作物进行 3 年以上的轮作。适时播种，避免播种过早，因地温低会延迟出苗，增加病菌侵染几率。精细整地，保持良好的土壤墒情，促进幼苗早出土，减少病菌侵染机会，减轻病害发生。清除田间菌源，在田间植株孕穗期至出穗前（乌米破裂前），及时拔除病株，带出地外深埋，减少和消灭初侵染来源。

（3）药剂防治。①2％立克秀可湿性粉剂 2 克兑水 1 升，拌种 10 千克，风干后播种；②2.5％烯唑醇可湿性粉剂，以种子重量的 0.2％拌种；③12.5％腈菌唑乳油 100 毫升兑水 8 升，拌种 100 千克，稍加风干后即可播种；④25％三唑酮可湿性粉剂按种子重量 0.3％拌种。

291. 高粱北方炭疽病有什么症状和危害？

高粱北方炭疽病主要危害叶片、叶鞘、茎秆和籽粒。初生病斑很小，紫红色、水渍状，后逐渐扩大呈近圆形或椭圆形，中央微呈灰白色，大小（1～2.5）毫米×（0.5～1.5）毫米，边缘褐色或紫色，并具狭窄而带黄色的晕圈。病情严重时，病斑密集，整个叶片变成火红色，迅速干枯死亡。

292. 如何防治高粱北方炭疽病？

（1）种子消毒。100 千克种子用 50％的退缩特可湿性粉剂 0.05 千克兑水 50 升，浸种 12 小时，冲洗后播种。

（2）拌种。100 千克种子分别选用以下药剂进行拌种：50％的多菌灵可湿性粉剂 0.7 千克，70％的甲基硫菌灵粉剂 0.15～0.2 千克，50％的福美双可湿性粉剂 0.25 千克，加适量水拌种后，堆闷 6 小时以上，阴干后播种。

（3）喷药。发生初期用 70％的甲基硫菌灵可湿性粉剂 1 000～2 000 倍液，每亩喷 50～70 升。

（4）轮作、消除病源。实行合理轮作，清除病株，减少传染源。

293. 高粱紫斑病的症状和危害有哪些？

高粱紫斑病广泛分布于世界各高粱产区，在气候温暖多湿的地区常流行成灾，我国各高粱产区均有不同程度病害发生。一般发生于植株生育后期叶部，初期出现深紫色病斑，多为椭圆形或长圆形，叶片病斑数量不等，严重时病斑很大，相互连接，紫斑累累，略具轮纹状，导致叶片变紫后迅速枯死。

294. 如何防治高粱紫斑病？

（1）选择抗病品种。

（2）农业措施防治。秋后及时深翻，将病残体深埋土中。高粱生长后期及时追施磷肥，增强植株抗病力。

（3）人工防治。高粱紫斑病先从下部叶片开始发病，逐渐向上发展，因此，尽早打去植株下部的1～2片老叶，既有利于通风透光，又可减少病菌的传染。

（4）化学防治。发病初期及时喷药，选用50%代森锌可湿性粉剂600倍液，或50%甲基硫菌灵可湿性粉剂1000倍液，每亩用50～75升喷雾。

295. 高粱靶斑病的症状和危害有哪些？

高粱靶斑病在我国高粱种植区普遍发生，已经成为高粱生产区的主要叶部病害之一，严重时可造成高粱减产高达50%。高粱靶斑病主要危害植株的叶片和叶鞘。发病初期，叶面上出现淡紫红色或黄褐色小斑点，外围有黄色晕圈，后成椭圆形、卵圆形至不规则圆形病斑，常受叶脉限制呈长椭圆形或近矩形。病斑颜色常因高粱品种不同而变化，呈紫红色、紫色、紫褐色或黄褐色。条件适宜时，病斑迅速扩展，中央变褐色或黄褐色，具明显的浅褐色和紫红色相间的同心环带，似不规则的"靶环状"，故称靶斑病。高粱抽穗前开始显现症状，籽粒灌浆前后，感病品种植株的叶片和叶鞘自下而上被病斑覆盖，多个病斑汇合导致叶片大部分组织坏死。叶鞘也可受害，产生椭圆形褐色病斑。

296. 如何防治高粱靶斑病？

（1）选用抗病、耐病品种。

（2）农业措施防治。合理密植，防止种植过密。与矮秆作物间作套种，增加通风透光。加强肥水管理，提高植株抗病力，在施足基肥的基础上，适期追肥，尤其在拔节期和抽穗期及时追肥，防止后期脱肥，保证植株健壮生长。高粱收获后及时翻耕，将病残体翻入土中以加速分解，及时清除堆积在田间内、外及村屯附近的高粱秸秆垛，减少下年田间初侵染菌源，减轻病害。

（3）药剂防治。可用50％多菌灵可湿性粉剂，或75％百菌清可湿性粉剂，或50％异菌脲可湿性粉剂等喷雾防治。间隔7～10天喷洒1次，连续喷2～3次。

297. 高粱细菌性条纹病的症状和危害有哪些？

条纹病主要发生在叶片和叶鞘。病斑窄而长，呈不规则水渍状。发病初期主要在下部叶片的叶脉之间，以后合并，逐渐扩大，两端钝形或延长成锯齿状。条纹的颜色因品种不同而呈紫色、红色或褐色。条纹上可见浅黄色细菌黏液或分泌物，表面光亮。黏液干后形成薄薄的菌膜。病株生长很慢，细弱，严重时全株枯萎死亡。

298. 如何防治高粱细菌性条纹病？

（1）选择种植抗病、耐病品种。

（2）加强栽培管理，减少越冬菌源。秋后及时深翻土壤，将病株残体深埋于土壤中，以减少菌源。

（3）用 25％的多菌灵可湿性粉剂 0.5 千克，兑水 5 升，均匀喷洒在 100 千克的种子上，堆闷 6 小时后播种或每亩用 65％的代森锌可湿性粉剂配成 600 倍液，在发病初期喷洒叶片。

299. 北方高粱生产常发生的虫害有哪些？

北方高粱生产常发生的虫害有蚜虫、玉米螟、黏虫及蝼蛄等。

300. 高粱蚜虫有什么危害？如何防治？

高粱蚜在高粱整个生育期均可为害，集聚在高粱叶背刺吸植株汁液。初发期多在下部叶片为害，逐渐向上部叶片扩散。叶背布满虫体，并分泌大量蜜露，滴落在叶面和茎秆上，油亮发光。蜜露覆盖影响植株光合作用，且易引起霉菌寄生，致被害植株长势衰弱，发育不良。受蚜虫为害后，叶片变红、枯黄，小花败育，穗小粒少，产量与品质下降。此外蚜虫还可传播高粱矮花叶病毒，对产量影响更大。

防治措施：

（1）种植抗虫品种。种植抗虫品种是最有效的防治措施，应因地制宜选用抗虫品种。

（2）农业措施防治。可采用高粱、大豆间作，改善田间小气候，增加湿度，控制高粱蚜繁殖。

（3）化学防治。可在蚜虫早期点片发生期及为害盛期前进行药剂防治。可用 10％吡虫啉乳油或 2.5％溴氰菊酯乳油喷雾防治。

301. 玉米螟有什么危害？如何防治？

玉米螟以幼虫蛀茎为害，一般 3 龄以下幼虫潜藏为害，4～5 龄为钻蛀为害。初孵幼虫潜入心叶丛，蛀食心叶造成针孔或"花叶"。3 龄后幼虫蛀食叶片，叶片展开时出现排孔。高粱、玉米进入孕穗期，幼虫取食幼穗。当穗逐渐散开时，幼虫开始向下转移蛀入穗柄或转移蛀入茎秆。穗期幼虫潜藏取食穗顶部幼嫩籽粒，3龄以后部分幼虫蛀入穗轴、穗柄或茎秆。受害植株营养及水分输导受阻，长势衰弱、茎秆易折，穗发育不良，籽粒干瘪，青枯早衰。受害穗柄和茎秆易倒折，遇风则损失更大。此外，玉米螟为害常引发高粱穗粒腐病，导致严重的产量损失和品质下降。

防治措施：

（1）农业措施防治。处理越冬寄主秸秆，在春季越冬幼虫化蛹、羽化前处理完毕，压低虫源基数。各地可因地制宜地采用高温沤肥、秸秆还田、白僵菌封垛等措施，减少虫源基数，降低发生程度。

（2）物理防治。利用成虫趋光性，在村屯及其附近设置高压汞灯进行大面积诱杀，将成虫消灭在产卵之前。设灯时期为6月末至7月末，灯设在较开阔场所，灯距100～150米，灯下建一直径1.2米、深12厘米的圆形捕虫水池，水中加洗衣粉。

（3）生物防治。①白僵菌治螟：越冬幼虫开始复苏化蛹前，对残存的高粱、玉米等秸秆，用孢子含量80～100亿个/克的白僵菌粉100克/米^{3}喷粉或分层撒布菌土进行了封垛。②释放赤眼蜂治螟：利用柞蚕卵繁殖的松毛虫赤眼蜂或螟黄赤眼蜂，进行人工田间放蜂治螟。玉米螟田间百株卵块达1～2块时（即产卵初期）为第一次放蜂的最佳时期，然后隔5～7天再放第二次蜂。每公顷2次共放蜂15～30万头，每公顷每次放蜂30点，将蜂卡别在高粱中部叶片背面。大面积连片防治以保证良好的防效。

（4）化学防治。可在心叶期施0.1%高效氯氟氰菊酯颗粒剂，使用时拌10倍煤渣或细沙颗粒，每株1.5克，或用1%辛硫磷颗粒剂，高粱心叶末期每株施颗粒剂1～2克。

302. 黏虫有什么危害？如何防治？

黏虫以幼虫危害，低龄幼虫潜伏在植株心叶中，啃食叶肉造成孔洞。3龄幼虫危害叶片后，呈现不规则缺刻。黏虫是一种杂食性、爆发性、间歇性、暴食性的害虫，可吃光叶片，仅存植株主脉。成群转移至附近田块为害，严重发生时可造成巨大损失。

防治措施：

（1）农业措施防治。在1～3代危害区，通过合理密植、加强田间水肥管理等，控制田间小气候，可降低卵的孵化率和幼虫存活率。

（2）诱杀防治。成虫发生期，田间插放杨树枝把或谷草把、放置糖醋盆诱杀成虫，压低田间卵和幼虫的发生密度。于成虫产卵期，在田间插放谷草把诱卵，定期集中烧毁处理，或人工采卵，降低田间虫口密度。

（3）化学防治。在幼虫3龄前及时防治，用20％氰戊菊酯乳油、20％甲氰菊酯乳油、4.5％高效氯氰菊酯乳油、2.5％溴氰菊酯乳油等喷洒；或用2.5％溴氰菊酯乳油25毫升兑细沙1.5千克制成颗粒剂，用量1.5千克/亩，均匀撒施于植株新叶喇叭口中。

（4）生物防治。应用苏云金杆菌、黏虫核型多角体病毒等生物杀虫剂，防治效果较好。

303. 蝼蛄有什么危害？如何防治？

东方蝼蛄主要危害高粱种子、幼苗的根及茎等，特点是被害处呈现乱麻丝状。同时，蝼蛄在地表土层2～10厘米串行，形成弯曲的隧道，使土壤松动风干，导致高粱幼苗、幼根干枯而死，造成缺苗、断条。

防治措施：

（1）农业措施防治。秋收后深翻土地，压低越冬若虫基数。清除田间和周边杂草，破坏蝼蛄活动场所。

（2）药剂防治。50％辛硫磷乳油按种子重量的0.3％拌种；25％辛硫磷微胶囊剂150～200毫升拌饵料（饵料为麦麸、豆饼、高粱和玉米碎粒或秕谷等）5 千克，或 50％辛硫磷乳油 100 毫升拌饵料 6～8 千克。播种时撒施于播种沟内，亩用量 2～3 千克。

304. 田间杂草对高粱生产什么危害？东北地区有哪些杂草？

杂草是高粱生产的一大灾害，它与高粱争水、争肥、争光，造成高粱的产量和品质下降。低洼地、盐碱地的草害尤为严重，并且是周年性的，即任何时期都会有杂草为害。杂草对高粱的危害主要在苗期，此期发生草害对培育壮苗极为不利，一些地块往往因草害而毁苗重播或造成减产。

东北地区高粱田的主要杂草有稗草、狗尾草、马唐、虎尾草、剪股颖、看麦娘、牛筋草、早熟禾、鸭跖草、藜、铁苋菜、反枝苋、苍耳、柳叶刺蓼、酸模叶蓼、荠菜、龙葵、猪毛菜、苘麻、鬼针草、狼把草、马齿苋、豚草属、曼陀罗、酸浆属、繁缕以及猪殃殃等。

305. 田间杂草的防治方法有哪些？

（1）深耕。大部分杂草的种子在土表 1 厘米内发芽良好，耕翻越深对杂草种子发芽越不利。

（2）旋耕。播前旋耕可有效地消灭土壤表层萌发的杂草，从而压低田间杂草发生的基数。

（3）中耕。中耕可以直接消灭杂草，在草害较轻的田块，中耕是消灭杂草行之有效的措施。

（4）化学除草。化学除草经济、有效、安全、成本低。

306. 能用在高粱上的除草剂有哪些？

播前或播后及苗前的土壤处理可用异丙甲草胺、氯麦隆、莠去津等除草剂。异丙甲草胺在土壤有机质含量低于 1％的沙土地不能用。土壤有机质过于黏重，用量应适当增加。氯麦隆若施药不均，会稍有药害，作物表现轻度变黄，20 天左右可恢复正常生长。

苗后茎叶处理可用的除草剂为 2，4 -滴丁酯、麦草畏、溴苯腈等。使用 2，4 -滴丁酯和麦草畏时应严格掌握施药时期和使用量。高粱拔节后慎用，以免发生药害。溴苯腈不宜与肥料混用，也不能添加助剂，否则也会造成药害。

307. 如何进行播后出苗前除草？

一般播种后 3 天内施药，或播种后立即施药。高粱田间常用的播后苗前化学除草方法有：

（1）每亩用 38％莠去津胶悬剂 150～400 毫升，或 90％莠去津水分散粒剂 60～160 克，兑水 35～40 升，喷洒土表。可防除稗草、狗尾草、牛筋草、马齿苋、反枝苋、苘麻、龙葵、酸浆属、酸模叶、柳叶刺蓼、猪毛菜等杂草，对马唐、铁苋菜等防效稍差。

（2）每亩用 25％氯麦隆可湿性粉剂 200～300 克，兑水 50升，均匀喷于土表。可防除马唐、牛筋草、稗、野燕麦、蓼、反枝苋等多种禾本科及阔叶杂草。

（3）每亩用 80％甲羧除草醚可湿性粉剂 75～120 克，兑水 35～40 升，喷洒土表，如遇干旱可浅耙 2～3 厘米，使药液与土混合，增加同杂草、幼草接触机会。

308. 如何进行苗后除草？

高粱苗期化学除草一般在 5～8 叶期进行，否则，容易产生药害。常用的苗期化学除草方法有：

（1）高粱出苗后 5～6 叶期，每亩用 72％的 2，4 -滴丁酯乳油 50～60 毫升，兑水 35 升左右，均匀喷雾杂草茎叶，主要防除阔叶杂草和莎草科杂草，对禾本科杂草无效。喷雾时应压低喷头，尽量使高粱植株少受药液。

（2）高粱出苗后 5～6 叶期，每亩用 40％莠云津胶悬液

200～250 毫升，兑水 35 升，均匀喷雾杂草茎叶，可防除单、双子叶杂草以及深根性杂草。

（3）高粱出苗后 5～6 叶期，每亩用 20% 2 甲 4 氯水剂 100 毫升和 48% 麦草畏水剂 125 毫升混合，兑水 35 升，均匀喷雾杂草茎叶，上述两种除草剂也可单独使用，用药浓度应加倍。主要防除阔叶杂草和莎草科杂草。

309. 哪些杀虫剂容易对高粱产生药害？

高粱对有机磷类农药，如敌敌畏、敌百虫、辛硫磷、杀螟硫磷等农药敏感，如误施、使用浓度过高、使用方法不当，以及邻田用药飘移等均能造成药害。轻者引起叶部受害，植株生长受阻，重者叶片变红褐色或紫红枯萎状，植株死亡，造成的损失较为严重。

在高粱上直接喷洒敌百虫、敌敌畏等有机磷农药后，12 小时即出现药害症状，刚开始在叶片上产生红褐色斑点，后迅速扩大相互融合成红色或红褐色大斑块，致叶片焦枯，全田似火烧状。药害症状与某些真菌病害所致症状有相似之处，易混淆，应予以注意。

四、高粱的储藏、加工与销售

310. 高粱有哪些储藏方法？

（1）自然低温储粮。自然低温储粮是利用北方冬季干冷空气使储粮处于低温状态（粮温 0℃ 或低于 5℃），然后采用隔热保冷措施，尽可能减缓粮温随气温上升的速度，延长储粮低温期。因此，应最大限度地利用其自然低温条件，因地制宜地进行各种形式的自然低温储粮。

（2）机械通风。机械通风是利用通风机产生的压力，将外界空气送入粮堆，实现外界空气与粮堆内空气的交换，从而改善储粮条件。但该技术容易引起粮食水分的散失。

（3）冷却低温储粮。谷物冷却机低温储粮是通过向粮堆通入冷却后的控湿空气，使粮堆温度降低，并能有效地控制粮堆水分，从而实现安全储粮的一种技术措施。在粮堆降温过程中没有回风再利用，在夏季气温较高的地区，粮库排出的空气温度低于室外气温的情况下，就造成了一部分能量的浪费。

311. 高粱籽粒入库前应进行怎样的处理？

在入仓以前要对高粱进行晾晒或者在烘干塔进行干燥处理。晾晒时利用日照辐射对粮食中的害虫予以杀灭，降低籽粒中的水分。在选择晾晒场地时应选择在水泥地面的晒场上进行。在天气晴朗的时候，将高粱均匀平铺在晒场上，入仓储藏时的水分标准应在 14％以下。对于高粱的含水量最好用便携式快速水分检测仪检测，也可用牙咬的方式来估计粮食的含水量，符合含水量要求的籽粒咬时感到费劲，有清脆响亮的声音，否则要继续晾晒。对晾晒好的高粱再进行清选，尽可能地清除粮食中的杂质，包括沙石、害虫、秸秆、瘪粒及杂草种子等杂质。

312. 高粱籽粒霉变有哪几个阶段？

籽粒霉变是一个连续的过程，也有一定的发展规律。其发展的快慢，主要由环境条件对微生物的适宜程度而定。快者 1 天至数天，慢者数周，甚至更长的时间。霉变的发展过程，还会由于环境条件的变化而加剧、减缓或终止。粮食霉变一般分为三个阶段，即初期变质阶段、生霉阶段以及霉烂阶段。

313. 导致高粱籽粒品质劣变的因素有哪些？如何进行防控？

预防霉变的关键在于控制高粱籽粒的水分，只要在籽粒收获到储藏的各个环节做到避免雨淋、浸水，仓、囤不漏雨，隔潮性能良好，霉变是完全可以避免的。

314. 高粱籽粒水分含量的大小对安全储藏有何重要意义？

高粱籽粒含水量大小直接影响储藏的稳定性。籽粒含水量越高，越容易发热霉变，害虫危害也越严重，所以籽粒在储藏前要尽量降低其水分含量。高粱籽粒入库储藏的安全水分是 14%，水分含量高于安全储藏水分的粮食不能保证安全储藏。

315. 高粱储藏过程中害虫的来源有哪些？

储粮中的害虫来源大致有三种：

（1）收获时就侵入的害虫。有些害虫将虫卵产在还未收获的穗上，并随着收获的籽粒进入仓内。在入仓前的曝晒中，绝大部分害虫已被晒死，只有少数幸存的个体，在储藏 1～2 个月内不易被发现，结果不断的繁殖，害虫的数量便会不断增加。

（2）人为因素。仓内原来存放的粮食有虫，未进行过清理或杀虫处理，又入新粮，或对已腾空的仓房、装粮工具、器材和运输工具等清理、消毒不彻底，结果使本来无虫的高粱受到感染，使得整仓粮食生虫。

（3）高粱储藏期间侵入了害虫。高粱储藏期间感染害虫的原因有两个：一是装粮的粮仓密封不严，使外界的害虫飞入或钻入仓内；第二个原因是粮仓内部环境中存在害虫，在以往储藏或堆放过粮食的地方一般都有害虫。

316. 饲用高粱是怎样加工成青贮饲料的？

（1）饲用高粱收割。一般应在乳熟至蜡熟期收割，收割过晚纤维素含量增加。

（2）青贮容器的选择。青贮用的容器很多，如塑料袋、青贮槽、青贮壕、青贮窖等，可根据当地实际情况和青贮数量的多少确定使用哪种器具。

（3）青贮作业。首先将饲用高粱秆砍倒，摆放在地上晾晒，天数不能超过7天。再用铡草机将茎秆切碎，长度约1.5～2.0厘米，粉碎的饲用高粱原料应尽快入窖。为防止腐烂和变质，用活杆菌、白砂糖、盐巴、水按一定比例配置溶液，均匀喷洒在粉碎的茎秆上，拌好后平铺在窖内。每铺到100厘米时，拖拉机或人工反复压紧压实，尤其在四周及四个角落处机械压不到的地方，应人工踩实，以防漏气。当原料装填压紧与窖口齐平时，中间原料可略高出窖口40～50厘米，填装踩实后覆盖无毒塑料薄膜仔细封严，在上面盖一层厚10～20厘米切断的秸秆，覆盖薄膜，再覆上30～50厘米的细土。需要注意的是，原料装填完毕后，要立即密封覆盖。

（4）发酵成熟。根据气温状况决定贮存时间长短，一般需要30～50天发酵成熟。气温较高，青贮成熟期相对较短。

（5）开窖取料。开窖时，应从窖的一端取料，开口不宜过大，尽量减少青贮饲料暴露面。要从上至下垂直切面取出，每次取足够1天的喂量。取完料后，迅速将窖口封好，以减少贮料与空气接触的时间，防止取后发酵霉烂。青贮窖一经开启，就必须每天连续取用，不宜间断。

317. 饲用高粱在青饲过程中应注意些什么？

饲用高粱在幼苗期，虽然茎叶柔嫩多汁、粗纤维含量少，但因产量较低且氰化物含量高，不宜放牧或青刈。拔节后期到抽穗期是饲用高粱作青饲料的最适时期。因为此时生物产量最高（叶片可占产量的80%～90%，水分含量约80%），叶片鲜嫩多汁、清香可口、粗纤维含量少、营养丰富、容易消化。此时氰化物含量已大幅下降，不致引起牲畜中毒。进入扬花期以后，粗纤维含量增多，茎逐渐坚硬，适口性日益降低，消化率也不断下降。做青刈使用的必须及早刈割。接近成熟时，茎与叶子的比例约为7∶3，整株的含水量约为 65%～75%，做青饲料应用稍晚。

318. 帚用高粱什么时期进行收获？

收获时期可直接影响糜子的颜色和质量。为保证帚用高粱的加工品质，一般在籽粒的完熟期进行收获，以使糜子的颜色和柔韧度达到最佳的加工状态。如果收获过早，糜子的颜色会出现灰绿色，且穗底部的分枝脆弱易断。而收获过晚，会由于过度成熟导致糜子变得坚硬、易风干及颜色褐变。

319. 市场上对粒用商品高粱的品质有什么要求？

根据国家 GB/T 8231—2007 高粱标准规定，各类高粱以容重定等，容重≥740 克/升为一等粮，容重在 720～740 克/升为二等粮，容重在 700～720 克/升为三等粮，容重≤700 克/升为等外粮。质量指标要求：不完善粒≤3%、水分≤14%、杂质≤1%、带壳粒≤5%、色泽气味正常无异味。

320. 影响高粱收购价格的因素有哪些？

（1）天气因素不可控，气象灾害仍存在。从近几年来看，黑龙江、吉林、内蒙古等地高粱成熟期多雨，造成霉变率升高，导致粮食品质下降，影响收购价格。

（2）受到国家产业调控政策的影响，玉米价格前景仍然不明，对于未来高粱的种植及销售均存在影响。

（3）高粱收购价格受玉米价格影响较大。另外，近年来从国外进口的高粱以其价格优势大量进入国内市场，对国产高粱构成巨大的冲击，也直接影响了国内高粱的价格。

（4）国家对于酒类的消费限制也直接影响高粱的消费量，白酒行业尤其是中高端白酒的需求限制，仍是影响高粱收购价格的一个因素。

附录　农药使用注意事项

一、除草剂使用注意事项

1. 安全合理使用农药，避免药害的产生。

（1）选择合适的用药时期，避免错期用药。在水稻田除草过程中，尽量避开水稻分蘖期，尤其使用 2 甲 4 氯钠等除草剂时，如果在水稻分蘖期使用，会严重影响水稻分蘖，导致严重减产。玉米田使用苗后除草剂时，应在玉米 3～7 片叶时期内，叶龄偏小或叶龄过大时使用除草剂容易引起药害。大豆田苗后茎叶处理使用除草剂，应该在大豆 1～3 片复叶期施药，错过该时期药害较重。

（2）土壤封闭处理，根据气候条件适当调整用水量。如果春季气候干旱，应适当增加用水量，尽量达到 60 千克/亩，否则蒸发过快影响封闭效果。如果春季低温多雨，应尽量降低用水量，每亩地用水 40 千克，避免低温多雨引起药害发生。

（3）苗后茎叶处理，应根据草情合理选择农药，避免错施或超量用药。苗后茎叶处理选择除草剂时，应根据自家田块的杂草类型选择合适的除草剂，避免从众心理，导致购买的农药不能有效防除现有的杂草，也不能因为怕防除效果不好，一味增大用药量，导致药害发生。要根据专家的指导正确合理地使用除草剂，来达到良好的除草效果。

（4）轮作情况下，不能选择长残效除草剂，避免下茬作物残留药害。如果在轮作的情况下，尽量选择低残留或无残留的除草剂，避免残留药害发生。玉米田如果大量使用了莠去津，下茬不能种植大豆、马铃薯或其他经济作物。大豆田使用了氟磺胺草醚或异噁草酮，后茬不能种植玉米、小麦、马铃薯或其他经济作物。如果下茬想轮作，一定要根据专家的指导，选择无残留的除草剂。

2. 绿色食品应选择国家规定范围内的除草剂品种，不能使用高毒、高残留的农药。

3. 注意除草剂的配伍禁忌，不能乱配或乱混农药，避免影响除草效果和药害产生。

4. 当药害发生时，应选择正确的方法进行缓解，尽量选择芸苔素内酯类植物生长调节剂，而不能选择普通的氨基酸类植物生长调节剂。

二、杀虫剂使用注意事项

1. 在喷药前，须把所有的食物、水源都密封好，尽量在进餐之后喷药，而且保证药罐放置在儿童接触不到的地方。

2. 人体要做好防护，最好穿上长袖衣服，戴上口罩，以防皮肤和呼吸道中毒。

3. 莫要过量使用杀虫剂。

4. 杀虫剂都是压力包装，所以一定要注意避免猛烈撞击或是高温存放，更不要将其对着火源喷射。

三、杀菌剂使用注意事项

1. 合理配置浓度。在使用农药时一般都会对农药进行稀释，有大部分农药需进行二次稀释，这就让我们了解到，在稀释农药时一定要注意合理配置浓度。稀释的浓度若不合适，会影响药效地发挥。

2. 选准喷施时间。喷药的时间过早或过晚都会影响药效，不同的病害喷施农药的时间也不同，通常杀菌剂的用药时间均应掌握在发病前（保护用药）或发病初期（防患于未然）。

3. 掌握用药次数。杀菌剂的喷药次数主要是根据药剂残效期的长短和气象条件来确定。一般每隔 10～15 天喷 1 次，共喷 2～3 次。遇特殊情况，如施药后遇雨，应及时补喷 1 次。

4. 提高用药质量。杀菌剂的喷药质量包括用药数量和喷药质量。用药数量要适宜，用药过多一方面会增大成本，另一方面还极易造成药害。而用药过少则无法达到用药目的。用药质量要讲究，喷药时要求雾点细密，喷药均匀，要喷遍植株茎干和叶片正反面，力求做到不漏喷。

5. 谨慎药物混用。杀菌剂不少为碱性农药，故不能与遇碱性物质易分解失效的杀虫剂混用，如波尔多液、石硫合剂等呈碱性，不能和乐果、敌敌畏等混合使用，否则，会造成"两败俱伤"。

6. 注意规避抗药性。使用杀菌剂也存在作物病害的抗药性问题，长期使用单一的药剂（主要是内吸杀菌剂），就会导致病原物产生抗药性，即使多次重复用药也无济于事，甚至变本加厉。为规避病害抗药性，要在科学选用农药的基础上，切实做好不同类型药剂地交替（轮换）使用，严禁长期单独使用一种农药。

参 考 文 献

柴岩，万富世，2007. 中国小杂粮产业发展报告 [M]. 北京：中国农业科学技术出版社.

陈捷，2009. 玉米病虫害诊断与防治 [M]. 北京：金盾出版社.

陈温福，2010. 北方水稻生产技术问答 [M]. 3版. 北京：中国农业出版社.

董淑杰，王绍忠，张喜印，等，2004. 盐碱稻区稻水蝇的发生与防治 [J]. 垦殖与稻作，增刊：59.

董钻，1997. 大豆栽培生理 [M]. 北京：中国农业出版社.

高旺盛，2011. 中国保护性耕作制 [M]. 北京：中国农业大学出版社.

郭庆法，王庆成，汪黎明，2004. 中国玉米栽培学 [M]. 上海：上海科学技术出版社.

郭文韬，2015. 中国大豆栽培史 [M]. 南京：河海大学出版社.

韩贵清，2011. 中国寒地粳稻 [M]. 北京：中国农业出版社.

胡晋，2010. 种子贮藏加工学 [M]. 2版. 北京：中国农业大学出版社.

黄长玲，吴东兵，曹广才，2002. 特种玉米优良品种与栽培技术 [M]. 北京：金盾出版社.

焦少杰，2001. 轮作倒茬及深耕整地在高粱生产中的作用 [J]. 黑龙江农业科学 (5)：38-39.

焦少杰，王黎明，姜艳喜，等，2009. 黑龙江省高粱产业技术需求 [J]. 黑龙江农业科学 (6)：38-39.

焦少杰，王黎明，姜艳喜，等，2012. 粒用高粱机械化栽培品种选择 [J]. 园艺与种苗 (12)：1-2，13.

矫江，许显滨，2004. 黑龙江省稻米市场与生产中常见问题 [M]. 哈尔滨：黑龙江科学技术出版社.

矫江，中本和夫，李宁辉，等，2009. 黑龙江省水稻低温冷害研究进展 [M]. 北京：中国农业科学技术出版社.

康筱湖，韩天富，2006. 大豆栽培与病虫草害防治［M］. 北京：金盾出版社.

寇建平，封槐松，2003. 优质专用大豆品种及高产栽培技术［M］. 北京：中国农业出版社.

来永才，毕影东，李炜，等，2015. 中国寒地野生大豆资源图鉴［M］. 北京：中国农业出版社.

李建平，2007. 粮食储藏保水减损技术的研究与应用［J］. 粮油仓储科技通讯（5）：15-17.

李里特，2003. 大豆加工与利用［M］. 北京：化学工业出版社.

李少昆，2010. 玉米抗逆减灾栽培［M］. 北京：金盾出版社.

李少昆，王崇桃，2010. 玉米高产潜力·途径［M］. 北京：科学出版社.

李少昆，王振华，高增贵，等，2012. 北方春玉米田间种植手册［M］. 北京：中国农业出版社.

李少昆，杨祁峰，等，2014. 北方旱作玉米田间种植手册［M］.2版. 北京：中国农业出版社.

卢庆善，1999. 高粱学［M］. 北京：中国农业出版社.

卢庆善，2008. 甜高粱［M］. 北京：中国农业科学技术出版社.

马国瑞，2002. 农作物营养失调症原色图谱［M］. 北京：中国农业出版社.

敏德尔，2000. 大豆营养保健圣典［M］. 呼和浩特：内蒙古人民出版社.

全国农业技术推广服务中心，2011. 春玉米测土配方施肥技术［M］. 北京：中国农业出版社.

谭斌，2007. 粒用高粱的特性及其在食品工业中开发利用前景［J］. 粮食与饲料工业（7）：16-19.

唐韵，2010. 除草剂使用技术［M］. 北京：化学工业出版社.

陶波，胡凡，2009. 杂草化学防除实用技术［M］. 北京：化学工业出版社.

涂光曙，2009. 甜糯玉米栽培与加工［M］. 北京：金盾出版社.

王凤清，2010. 杂粮杂豆高产技术［M］. 长春：吉林科学技术出版社.

王光华，2004. 大豆栽培实用技术［M］. 北京：中国农业出版社.

王红育，2006. 高粱营养价值及资源的开发利用［J］. 食品研究与开发（2）：91-93.

王晶磊，2007. 饲用高粱的生产特性与加工利用［J］. 郑州牧业工程高等专科学校学报（3）：27-30.

王黎明，焦少杰，姜艳喜，等，2013. 黑龙江省矮秆高粱的密植栽培技术

［J］．黑龙江农业科学（10）：158-159．

王黎明，焦少杰，姜艳喜，等，2013．黑龙江省饲用高粱品种及其青贮加工技术研究［J］．黑龙江农业科学（12）：99-100．

王连敏，王春艳，王立志，等，2008．寒地水稻冷害及防御［M］．哈尔滨：黑龙江科学技术出版社．

王连铮，2010．大豆研究50年［M］．北京：中国农业科学技术出版社．

王连铮，郭庆元，2007．现代中国大豆［M］．北京：金盾出版社．

王险峰，2000．进口农药应用手册［M］．北京：中国农业出版社．

王晓鸣，石洁，晋齐鸣，等，2010．玉米病虫害田间手册［M］．北京：中国农业科学技术出版社．

魏湜，曹广才，高洁，等，2010．玉米生态基础［M］．北京：中国农业出版社．

魏湜，金益，2014．黑龙江玉米生态生理与栽培［M］．北京：中国农业出版社．

徐秀德，刘志恒，2012．高粱病虫害原色图鉴［M］．北京：中国农业科学技术出版社．

于翠梅，谢甫绨，2016．大豆良种区域化栽培技术［M］．北京：中国农业出版社．

袁会珠，2011．农药使用技术指南［M］．2版．北京：化学工业出版社．

张福锁，陈新平，陈清，2009．中国主要作物施肥指南［M］．北京：中国农业大学出版社．

张培江，2006．水稻优质高效栽培答疑［M］．北京：中国农业出版社．

张培江，2010．优质水稻生产关键技术百问百答［M］．2版．北京：中国农业出版社．

张秋英，李彦生，杜明，等，2015．菜用大豆栽培生理［M］．北京：科学出版社．

张矢，徐一戎，1990．寒地稻作［M］．哈尔滨：黑龙江科学技术出版社．